自然系手作
糖纸花

一草 ◎ 著

摄　　影：周曼莉
制作助理：于　婧　阎　瑾

海峡出版发行集团
THE STRAITS PUBLISHING & DISTRIBUTING GROUP ｜ 福建科学技术出版社
FUJIAN SCIENCE & TECHNOLOGY PUBLISHING HOUSE

前言

我是在珞珈山下的武汉大学校园里长大的，小时候的记忆里充满着鸟语花香。微风和煦的春天，我会去老斋舍旁的樱花大道收集飘落的粉色花瓣；蝉鸣声声的夏天，会陶醉于窗外栀子花散发的宜人香气；五彩斑斓的秋天，会上山采来野花编成花环戴在头上；冷得伸不出手的冬天，也不忘去看看操场边的树枝上有没有冒出腊梅骨朵儿。一年四季，都有值得期待的新鲜和感动，或许当时并不自知，但已埋在心间。

后来我去澳大利亚读书，碰巧接触到了手作花，让我产生了浓厚的兴趣——记忆中花朵的美好模样，都可以用手中的材料去展现，儿时那种被好奇心牵引着去探索的激情，也被激发出来，翻糖、巧克力、黏土、皱纹纸……各种材料我都会拿来尝试制作花朵。然而这些材料也都有不尽如人意的地方，直到遇到威化纸，轻薄如花瓣，又能在手中轻松地变换形态，让做花的过程更自在享受，做出的花朵也更灵动自然。

第一次用威化纸做出像样的花，给它起名为"糖纸花"时的兴奋心情还记忆犹新，转眼间已经5年过去，它却依然能给我带来惊喜和新的可能，从单纯地做花，延伸到和其他艺术形式结合，如甜品设计、微缩景观、花艺、装置艺术……以糖纸花为媒介，去表达我对自然和生活的感悟。

我将这些年来在糖纸花研发、教学过程中积累的经验、技法融入了这本书，通过四季中我喜爱的花朵的形态传递给你们。希望你们看过以后，能得到一些灵感和启发，也会想要拿起纸和剪刀，去感受一朵手作花的美好。

一草

2020.12

目 录
Contents

▶：本节中包含在线视频演示。

第7章
糖纸花花艺作品

第8章
特别放送：获得国际金奖的迷你花型

第 1 章

Chapter 1

蛋糕装饰界的新宠儿

——糖纸花

The new trend of cake
decoration——wafer paper
flowers

糖纸花的由来与特性

糖纸花，英文名是"Wafer Paper Flower"，直译是威化纸花，就是使用主要成分为淀粉、植物油和水的威化纸制作成的可食手作花。

最初把这个工艺引入到国内的时候，因为它和常见的翻糖花一样可以装饰蛋糕，又是用纸类型的材质制作，所以起了"糖纸花"这个中文名字。

糖纸花的花瓣清透，能模仿出真实花瓣的轻盈质感。它可以像永生花一样作为装饰品长期保存观赏，同时又是可食用材质，可用于装饰食品。所以近年来，越来越多的人认识并喜欢上糖纸花。

都是可以吃的纸，但只有一种适合做仿真花

可食用纸作为食品装饰材料的应用已久，根据其材质和制作工艺的不同，其应用的范围也不同，初学者容易混淆。下面简单地教大家如何区分。

糖纸花威化纸

一般是 A4 尺寸，厚度有 0.22mm、0.27mm、0.30mm、0.60mm 等。

一般 0.30mm 以内的都可用于制作仿真花。0.60mm 的也可以制作一些简单的或艺术型的花型。威化纸两面材质不同，一面光滑，一面凹凸不平。遇大量水易化，在水量适当的情况下，会产生很好的延展性和造型能力，适合制作仿真花。与传统的干佩斯相比，制成的花朵不易受潮变软，也更不易碎，抗挤压能力较强，在常温中可长期保存，使用起来更加方便。

越南春卷皮

使用稻米制作的薄透饼皮，质地较硬，遇水变软变透明，干燥后又会变硬，且保持其透明度。短时间浸泡不会化，有一定的延展性，透明度高，可以制作一些简单的花型和艺术性造型。

◀ 使用越南春卷皮装饰的粉色蛋糕

3

糖霜纸

背后有透明塑料片，手感较软较厚实。一般由食品打印机打印图案后直接贴在蛋糕或其他食品表面进行装饰。遇水易化，在干燥空气中易碎，延展性较差，不适合制作仿真花。

▲ 蛋糕最下层使用糖霜纸打印花朵图案后围在外侧作为装饰

普通糯米纸

非常薄透易碎，遇水极易化，没有延展性，常用于包裹糖果、糖葫芦，或是制作一些简单的装饰造型，不适合制作仿真花。

制作糖纸花的工具材料

除了糖纸花专用可食用威化纸外，我们还需要以下工具材料来制作糖纸花。

1—剪刀

剪裁花瓣使用，尽量选择尖头剪刀，方便剪裁细节。

2—食用色素（色膏或色粉）

两者都可以用来给威化纸上色，主要的使用方法是和酒精调和后刷在威化纸表面。色膏的效果更加通透，色粉也可用于表面干刷。

3—无色食用酒精

用于调和色素、给花瓣上色，以及软化花瓣便于造型。不同浓度的酒精适合制作不同效果。

4—调色盘

用于调和色素和酒精。尽量选择凹度深一点的盘，酒精会挥发得慢一点。

5—小喷壶

装酒精用。可以直接喷在威化纸上起到软化作用。

6—水彩笔刷

使用尼龙质地的笔刷更好控制水量。

7—球棒（丸棒）工具

用于给花瓣按压弧度，不同大小的球适用于不同大小的花瓣。

8—双头叶脉工具

细头用于给花瓣划脉络，粗头用于按压弧度和细节造型。

9—花瓣造型海绵垫

配合球棒和叶脉工具，用于给花瓣按压弧度、划脉络及其他细节造型，在海绵垫上给花瓣刷色也可以起到防粘作用。

10—花艺铁丝 22 号（粗）与铁丝 28 号（细）

粗铁丝用于支撑花心或整朵花，细铁丝用于支撑花瓣或叶片。不可食用。

11—花艺胶带

组合花瓣或枝叶时缠绕固定铁丝使用。不可食用。

12—铁丝钳

给铁丝弯钩或是剪断铁丝使用。

13—压花器

制作小配花、迷你花使用。

14—竹签／牙签

辅助花瓣细节造型使用。

15—人造花蕊

制作仿真花心使用。不可食用。

16—泡沫球

辅助花瓣弧度造型使用。

17—玉米淀粉

花瓣防粘使用。

18—手指海绵

按压玉米淀粉防粘或蘸取色素上色使用。

19—干佩斯／纸黏土

制作花心使用。干佩斯为可食用材料，质量较重。纸黏土为不可食用材料，质量较轻。二者造型方法相同，可根据实际用途选择。

20—硅胶脉络模具

给花瓣或叶片按压脉络时使用。

21—小镊子

适用于不方便用手操作的微小细节处理。

22—CMC

可食用黏稠剂，粉末状。少量溶入水中即可成为粘贴花瓣的胶水。

23—针形工具

用于花瓣边缘细节处理。

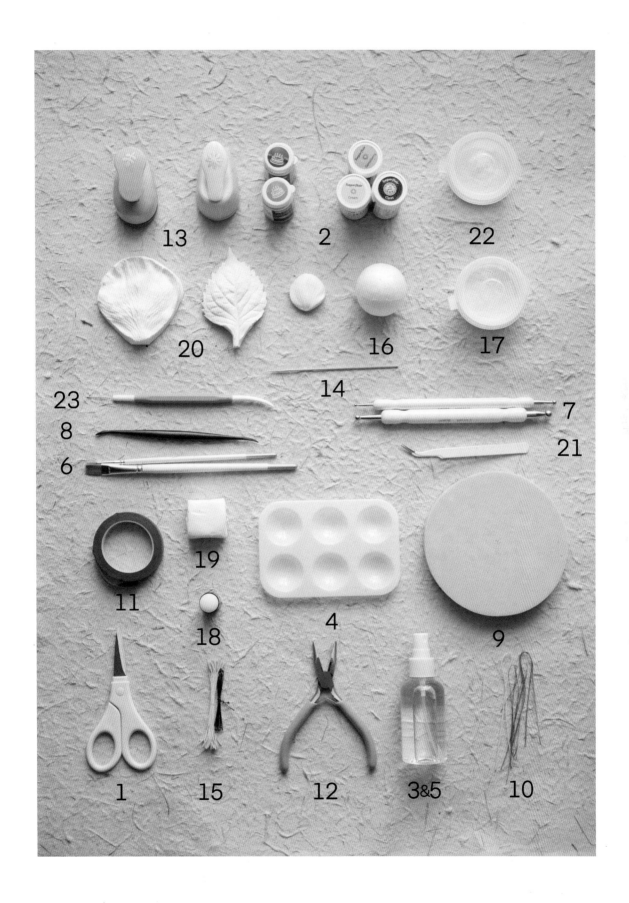

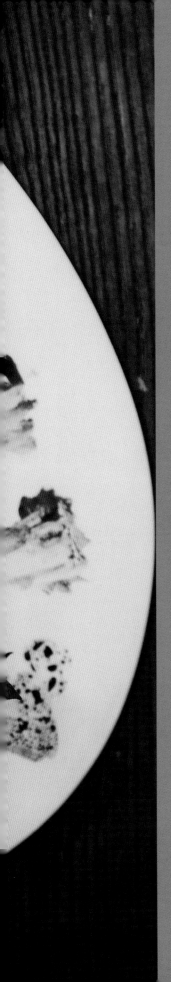

第 2 章

Chapter 2

制作糖纸花的基础手法

The basic techniques of
making wafer paper flowers

处理花瓣的基本步骤：

剪裁 → 刷色、软化 → 滚边 → 压出脉络 → 其他造型

花瓣的剪裁

1. 对照模板，将威化纸折叠成差不多大小的方块。

2. 3~4 张纸重叠，比照模板剪出花瓣。不要一次剪太多张，以免出现移位和毛边。

3. 剪裁后如果有明显棱角，要修剪圆滑。

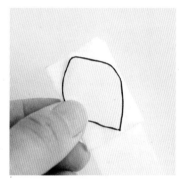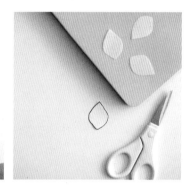

| 1 | 2 | 3 |

以糖纸为画布——多种染色手法

选择"颜料"

在给可食用手作花染色的时候，为了保证食用安全性，我们会使用可以吃的"颜料"——食用色素。

食用色素按物理性状分，可分为色膏（color gel）、色粉（color powder/dust）、色液（color liquid）。色膏和色粉在花瓣的调色中使用得多一些。

食用色素按可食用性，可分为：

（1）天然 / 无添加（natural）的：成分来自动、植物，可以混合到食品中让人食用。其缺点是有些颜色色素在食材表面的着色力较低；另外，市售产品的颜色种类一般不多，但，用户可以自行混合调色，得到新的色彩（本书最末提供了调色方案）。

（2）可食用级（edible）：不是纯天然成分，但成分符合食品安全相关规定，可用于食品表面装饰，也可小量混合到食品中。大部分色素的着色力强，特别是浓缩型的。市售产品的颜色种类较多。

（3）无毒级（non-toxic）：没有毒性，可少量使用于食品表面装饰，但不能混合到食材里。颜色大多比较鲜艳，着色力强。市售产品提供的不常见色较多。

此外，某些知名进口食用色素品牌旗下还有不可食用/手工用（non-edible/craft）色素。这一类色素颜色鲜艳、着色力强，但不可以用于食物表面装饰或添加，请一定注意。

前述的3种可食用色素都可以用来给糖纸花染色。另外，糖纸花的用途如果与食品无关，仅作为工艺品，那么也可以使用不可食用/手工用色素，或者是绘画颜料来染色。

糖纸花染色手法

干刷法

直接用笔刷蘸取色粉刷在威化纸表面。常用来在整张威化纸上刷色，或者给造型好的花瓣局部（如花瓣边缘）加深颜色。在此法中，适合使用"可食用级"的色粉；"天然/无添加"的色粉有部分颜色色素着色力比较低，不适合干刷。

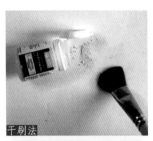
干刷法

食品打印机打印

从电子设备中，将想要的颜色设置成整张A4页面，通过食品打印机直接打印出有颜色的威化纸。打印会有一定程度的偏色，打印前注意颜色校正。

喷枪喷色

将色素（最好是色液）和高浓度酒精调和后装入喷枪，在威化纸表面均匀喷色。适合整张或多片花瓣集体喷色，也可喷出混色效果。威化纸会有少许变形，但不影响使用。注意不要用低浓度酒精，否则威化纸会变形收缩比较多。

食品打印机打印

水彩染色法

将食用酒精和食用色素调和，通过笔刷或手指海绵蘸取刷在花瓣表面。酒精里含有一定水分，刚好可以使威化纸软化至可以造型，又不会化掉。

如果使用色膏，则可以选择40度（低浓度）的酒精进行调和；如果使用色粉，酒精浓度可以更低，甚至可以直接

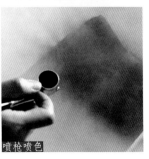
喷枪喷色

用水调和；如果选用色液，则酒精浓度需要更高。另外可以根据环境空气湿度对酒精浓度适当调整，环境湿度高的时候，酒精浓度可以高几度，反之亦然。

有时候也使用75度（高浓度）以上的酒精调和色素，这样调成的颜料可以给已造型好的花瓣上色，干得很快，从而让颜色留下的同时不会损坏造型。

本书中的花瓣染色，如无特别说明，都是使用水彩染色法。

40度酒精水彩染色法操作步骤

1.在调色盘中倒入少量的40度酒精 。

2.用笔刷蘸取少量色素放入调色盘（根据不同的花型选择不同色号）。

3.用笔刷蘸取酒精后调和色素。需要深的颜色，则色素多，酒精少；需要浅的、清透的颜色，则色素少，酒精多。

4.用笔刷蘸取调和好的色素后在调色盘边缘刮掉笔头多余的水分，或在厨房纸巾上轻点吸取多余的水分。

5.在花瓣的一面从上往下均匀刷满颜色，然后在花瓣背面用同样的方法从上往下均匀刷满颜色（如果需要，刷背面时可以再次蘸取色素）。刷好色的花瓣应该是颜色比较均匀，花瓣柔软可造型的。

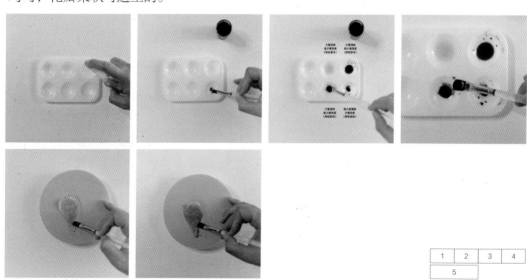

| 1 | 2 | 3 | 4 |
| 5 | | | |

调色的注意事项

当我们使用水彩染色法给威化纸刷色时，如果直接用单一的色素上色，出来的效果往往会比实际的颜色更加艳丽。可以在原有的颜色中加入棕色、黑色或对比色，从而降低颜色的纯度，得到视觉上更柔和的颜色。

色素刷在调色盘或普通白纸上的效果，和在威化纸上会有一定差异，调色时的试色最好直接在一张白色的威化纸上进行，更能准确找到自己想要的颜色。

🍂 水彩染色法可能会遇到的问题及解决办法

问题1：酒精过多，会导致花瓣过度湿软，无法进一步造型。

解决：可以少量多次地蘸取，并在蘸取后用餐巾纸吸取多余水分后再刷色。

问题2：酒精过少，会导致花瓣软化不足，同样难以造型，且花瓣易破。

解决：可以用喷壶离半臂左右的距离向花瓣喷洒酒精进行补水，1~2次即可。

问题3：刷色不均匀，一般会出现在刷较深的颜色时。

解决：调色时酒精和色素要混合均匀，笔刷上也要均匀蘸取色素。

问题4：软化不均匀，一般出现在大号花瓣的刷色上。

解决：一是可以先刷1/2的花瓣，然后重新蘸取色素后刷完剩下的1/2；二是可以整体刷好颜色后，再次用喷壶向软化不足的部位喷洒少量酒精，使其软化到位。

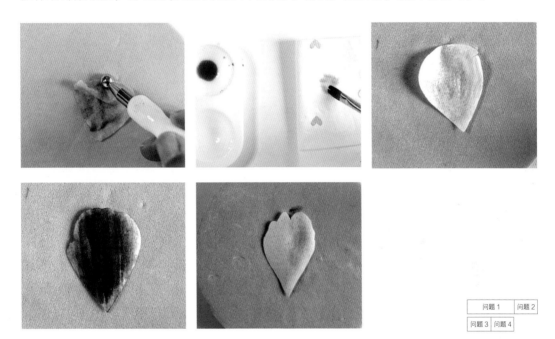

问题 1	问题 2
问题 3	问题 4

威化纸的软化

威化纸本身延展力并不好，折叠易碎。如果想要做出仿真花瓣的弧度和细节，需要先将剪裁好的花瓣软化。

加湿器或蒸脸机喷雾

优点是水雾细密均匀，可以调节。缺点是比较占空间，需要电源或充电，使用起来不是很方便，并且只能用纯水，而不能使用酒精。适合用来软化打印机染色的威化纸。

小水壶喷洒

小水壶装饮用水或是 40 度酒精，离半臂距离喷洒在花瓣上。优点是使用方便，缺点是水雾不够细密均匀，容易出现水洞。适合大片花瓣的软化，或是花瓣造型过程中的快速补水。

用笔刷刷 40 度酒精

可以直接刷，仅软化，不上色；也可以调和颜色之后刷在花瓣表面。优点是软化和上色可以一步解决，缺点是如果不熟练，容易让水量过大而损坏花瓣。

花瓣边缘处理——滚边

花瓣或是叶片在刷色软化后，在造型海绵垫上，用球棒压着花瓣的边缘和海绵垫的相交处来回滚动或按压，从而消除纸的剪裁切面，使花瓣边缘变得更薄。

边缘不需要波浪的话，只需轻轻来回一两次即可；边缘如果需要明显波浪，可以稍大力来回滚动结合按压。

让花瓣更逼真的脉络制作方法

花瓣有了脉络之后就会显得更加逼真，我们可以使用硅胶脉络模具给花瓣压出脉络。将花瓣刷色软化后，放在脉络模具中的一片上；如果花瓣或叶片粘手，可以用手指海绵稍按压一点玉米淀粉防粘；将另一片模具对准放上后，用手轻轻按压；拿起上面的模具后，将花瓣或叶片取出即可。如果仍然比较湿软，可以在脉络模上晾干后再拿起。

🌀可能会遇到的问题及解决办法

花瓣或叶片过于湿软，不容易按压出脉络，过于干燥则容易在按压的时候破裂。花瓣柔软度最好是像布料一样，比较适合压脉络。

糖纸花胶水的使用

以下液体可以用作粘贴花瓣的胶水：

· 纯水。

· 低浓度酒精。

· 少量CMC（羟甲基纤维素）粉和水的调和液，没有精确的比例，粉越多则越黏稠，可以根据自己的使用手感去调节。

▲ CMC 粉和水调和

· 威化纸溶液，做法：在容器中放入威化纸边角料和水，入微波炉以中火加热，每隔10秒拿出来搅拌一下，直至形成黏稠的液体。

▲ 威化纸溶于水

威化纸只要有极少量的水分即可自身产生黏性。熟练掌握水量的情况下，可以直接用水或酒精去粘贴。新手建议使用需要水量更小、黏性更大的CMC胶水或自制威化纸胶水。

适量的胶水即可让花瓣粘贴牢固，胶水量过大反而会使花瓣根部过于湿软，无法粘贴。

威化纸的存放及拯救干裂的方法

威化纸一定要密封存放，常温即可，无须放入冰箱。比起潮湿，威化纸更怕干燥。干燥的威化纸容易脆裂，剪裁时容易有毛边，也比较难造型。

如果出现了威化纸过分干燥、甚至干裂的情况，可以将威化纸用保鲜袋装好，不用完全密封，然后和一杯热水一起放入密封空间，如烤箱或微波炉（不用开火），或是大的密封盒。过几个小时后取出，威化纸会吸收空气中的水分而重新变软。

破损花瓣的修补方法

如果是花瓣出现了缺角，可以在缺角处刷少量胶水，剪一小块威化纸贴上，修剪好形状，刷上同样的颜色。

1	2	3
4	5	6

如果花瓣上出现了小的裂口，可以在裂口处刷少量胶水，轻轻捏和即可。

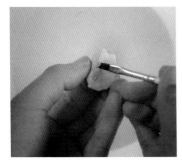  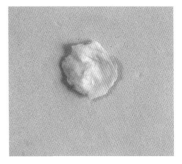

| 1 | 2 | 3 |

花心的制作

1. 用翻糖或纸黏土搓出需要的花心形状。

2. 粗铁丝的一头用铁丝钳弯一个小钩。

3. 包裹粘贴一小截威化纸，晾干。

4. 晾干的威化纸表面刷少量胶水，从花心底部穿入约 1/2，将花心底部捏紧，晾干定型备用（建议至少提前一晚制作）。

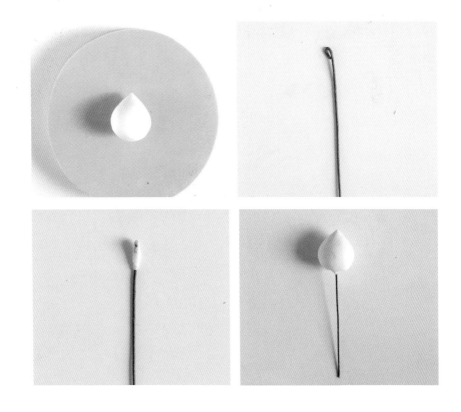

| 1 | 2 |
| 3 | 4 |

花萼的制作

1. 按相应花型花萼模板剪出花萼形状，刷上醋栗色（gooseberry）软化后，用粗头叶脉工具划出中线，并在下 1/2 处按压弧度。

2. 根据花型的大小，粘贴 3 片或 5 片花萼在花朵底部。

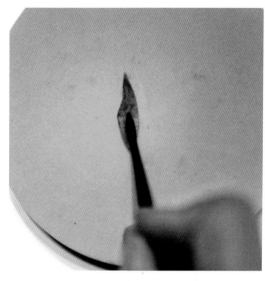

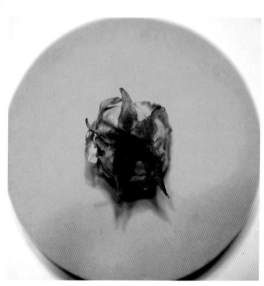

| 1 | 2 |

铁丝的使用

威化纸制成的花瓣很轻，一般不需要铁丝支撑。但是粘贴铁丝后，更方便组装，花瓣的位置也可以更灵活。我们会在相应花型的制作中讲解不同的铁丝粘贴方法。

花艺胶带的使用

花艺胶带本身没有黏性，稍微拉扯后黏性会释放出来。稍用力即可直接将胶带撕断，不用剪断。花艺胶带可以在折叠后，用剪刀一分为二使用。具体用法请见枝叶制作的章节。

Chapter 3

仿真花型

Realistic style wafer paper
flowers

枝叶
Foliages

看似简单，却必不可少的枝叶，

没有了它们，花便没有了灵魂。

不论是做成花艺作品，还是搭配蛋糕，

枝叶都会起到点睛之笔的作用。

准备

叶片：按照第 176 页叶子模板剪裁出所需大小的叶片

色号：醋栗色（gooseberry）

栗子色（chestnut）

1		3
4	5	6
7	8	9

叶片制作

1. 30 号白铁丝一端 1cm 左右处刷胶水，粘贴在叶片根部，晾干即可固定。

2. 醋栗色和少量栗子色色素用低浓度酒精不均匀地混合后刷在叶片正反两面，并将叶片滚边。

3. 在叶片脉络模具上按压出叶脉。

4. 倒挂晾干，无需刻意调整叶片形态。

5. 将高浓度食用酒精与栗子色色素调和后，蘸取少量在叶片局部刷色。

6. 同时也在白铁丝上刷上同样的栗子色。

7. 可以选择个别叶片制作具有真实感的虫蛀效果。用竹签或牙签蘸水后在叶片上戳出洞。

8. 用栗子色色素在洞的边缘加深颜色。

9. 叶片制作完成。

枝条制作

1. 棕色花艺胶带折叠后从中间剪开，分成两股细胶带使用。

2. 在 22 号铁丝的一头缠绕棕色胶带后搓尖。

3. 棕色胶带继续向下缠绕至需要的长度。

4. 将叶片的铁丝用棕色胶带缠绕粘贴在主枝干上，叶片的铁丝露出约 5mm。

5. 细小的叶片在上，粗大的叶片在下，缠好后可以调整一下叶片的角度使其呈现自然状态。

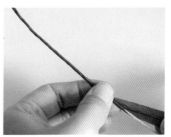

1	2	3
4	5	

注意点

- 胶带的起始部分要贴牢掐紧。

- 右手斜着拉紧胶带，左手转动铁丝，即可快速将胶带牢固地缠在铁丝上（第 39 页樱花枝的制作视频中有同样的动作）。

- 不要拿着胶带在铁丝上缠绕（胶带转，铁丝不转），那样只会越缠越粗，而且缠不紧。

绣 球

Hydrangea

集春夏的粉嫩和秋冬的浓烈于一身，
从花开到花谢都颜值在线的完美配花。

准备

花瓣：按照第 176 页绣球模板，准备 4 片花瓣

色号：紫色（purple） ▬▬

宝石绿色（jade） ▬▬

花瓣制作

1. 制作花心：少量威化纸边角料刷上胶水后，包裹粘贴在 28 号铁丝的一头。未来刷上与绣球花瓣同样的颜色。

2. 用酒精分别调和紫色和宝石绿色色素，用手指海绵蘸取少许。（也可使用笔刷上色，方法参考后面的花型。）

3. 用手指海绵以轻轻按压的方式给花瓣正反面染上宝石绿色。

4. 用手指海绵在局部按压上紫色。

5. 用绣球脉络模具按压出脉络。用以上方法给 4 片花瓣上色造型。

6. 选取 2 片花瓣根对根粘贴。

7. 在两片下方粘贴 1 片。

8. 再在上方粘贴 1 片。

9. 将晾干的花心从中心穿过。

10. 在花心周围刷上少量胶水。

11. 轻轻捏合一下。

12. 倒挂晾干。

珞珈早樱
Cherry Blossom

从珞珈山的老斋舍屋顶

俯瞰樱花大道上的粉白色花海，

在春风和煦的日子

和朋友们在樱花树下嬉闹玩乐，

或是在人潮退去后

感受花瓣随着晚风飘落的宁静，

都是记忆中家乡春天的气息。

准备

花瓣：按照第 177 页本花模板，准备 1~5 号花瓣各 1 片

花蕊：黄色人造花蕊

色号：醋栗色（gooseberry）

狝猴桃绿（kiwi）

酒红色（claret）

巧克力色（chocolate）

粉红色（pink）

※ 其中酒红色和巧克力色混合作为棕紫色，狝猴桃绿和少量醋栗色混合作为春绿色。

花心 & 花蕊制作

花心

1. 在 0.5cm×5cm 的威化纸背面涂刷胶水，将 28g 白色铁丝粘贴于下 1/2 处。

2. 将纸条上半部分向下对折粘贴，按压牢固，剪去两侧多余部分，留下足够包裹铁丝的宽度即可。

3. 留出上端 2mm，以下部分轻轻搓细。

4. 用镊子将上端 2mm 部分稍稍弯曲。

5. 整体刷上春绿色。

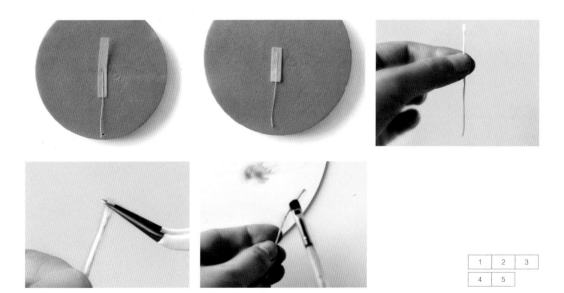

1	2	3
4	5	

花蕊

1. 在 1cm×8cm 的威化纸背面涂刷胶水。

2. 将黄色人造花蕊对折后粘贴在威化纸上，放置于靠纸条左侧的位置，花蕊露出少许白色部分即可。

3. 将纸条右侧折叠过来，粘贴住花蕊，按压牢固，剪去左右多余的部分。

4. 剪去威化纸多余的部分，留下约 5mm 宽度。

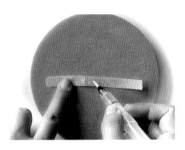
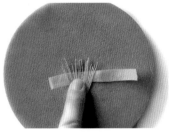

1	2	3
4		

组合

1. 在花蕊根部的威化纸上刷上胶水，将春绿色花心与花蕊放置在差不多的高度。

2. 用花蕊根部的威化纸将花心包裹粘贴。

3. 用镊子将花蕊稍微拨开呈自然分散状态。

4. 将威化纸剪成底0.2cm、高2cm的三角片，刷上胶水。

5. 从花蕊根部向下缠绕包裹。

6. 在花蕊顶端扫上少量棕紫色。

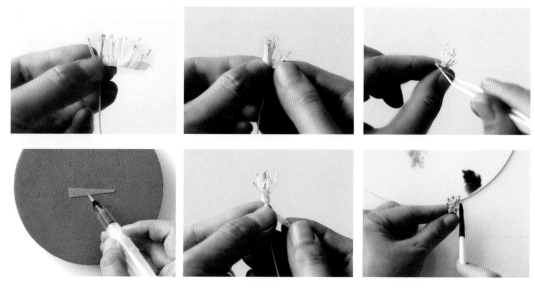

1	2	3
4	5	6

花瓣制作

1. 极少量的粉红色素和伏特加混合后，刷在剪裁好的花瓣正反面。

2. 用玉米淀粉按压防粘。

3. 放入硅胶脉络模具中轻轻按压。

4. 用球棒工具在花瓣上端两侧边缘轻轻滑动按压。

5. 将花瓣反过来，在背面用叶脉工具（细）按压出中线。

6. 在根部用球棒工具轻轻按压，使这个部位稍凹进去。

7. 然后再将花瓣翻回正面，在花瓣顶部稍用力向下按压出弧面。

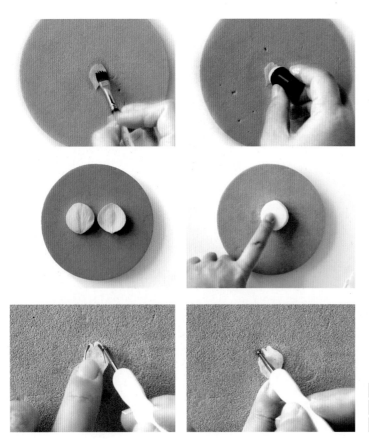

1	2
3	
4	

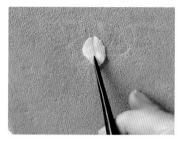  

花萼制作 ———————————————

1. 用小型六瓣花压花器压出六瓣花形状。

2. 剪成1片、2片、2片。

3. 正反两面都刷成春绿色。

4. 用叶脉工具（粗）压出弧度。

1 2
3 4

组合

1. 准备好花心、花蕊、5 片花瓣和 3 组花萼。

2. 将 5 片花瓣一片挨一片粘贴在花心的威化纸部分。

3. 将 3 组花萼一组挨一组贴在花的根部（凸出面朝外）。

4. 将花萼和露出的花心根部刷成春绿色。

5. 在局部刷上一点棕紫色。

1	
	2
3	
4	5

小贴士：樱花整体要显得单薄小巧，因此花蕊和花心一定要尽量细小，花瓣也要充分软化才能显得薄和通透。

花枝制作

珞珈早樱花枝制作

先用锡箔纸卷成枝条的心，再在外侧包裹花艺胶带，详见视频 。

菟葵花
Hellebore

在寒冷干旱的冬季

也会旺盛开放出来的小花，

鲜艳的花瓣

让苍白的冬天也有了生机。

准备

花瓣：按照第 178 页本花模板，准备 5 片花瓣

花心：醋栗色（gooseberry）翻糖或纸黏土

花蕊：5 根白色小头人造花蕊

色号：醋栗色（gooseberry）▩

　　　奶油色（cream）▩

　　　橙色（orange）▩

花心 & 花蕊制作 ————————

1. 醋栗色翻糖或纸黏土搓成水滴状（1cm×1.5cm），穿入22号铁丝。

2. 将尖头一端剪出3瓣，约5mm深。

3. 用手指将3瓣顶端稍稍捏圆滑。

4. 用细头叶脉工具，顺着3个开口进一步下划加深。

5. 在2cm×3cm的威化纸上刷上胶水，将5根白色小头人造花蕊平铺在中间。

6. 两侧威化纸向中间折叠粘住。

7. 将粘贴好的花蕊剪成两截。

8. 将一截花蕊的威化纸刷上胶水后，包裹粘贴在花心下方。

9. 另一截用同样方法相对粘贴。调整花蕊的位置，呈发散状。

10. 下方的威化纸捏紧后刷上醋栗色。

1	2	3
4	5	6
7	8	9
	10	

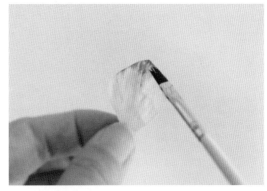

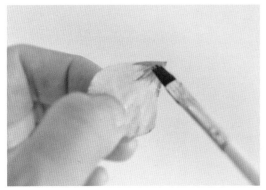

2	3
4	5
	6

花瓣制作

1. 威化纸用奶油色色素混合高浓度酒精喷色后裁剪出 5 片花瓣。

2. 在毛茛脉络模具上按压出脉络。

3. 在花瓣上方边缘干刷出橙色的纹路。

4. 在花瓣根部干刷出橙色纹路。

5. 取 3 片花瓣三点分布粘贴在花心下方，其中两片稍靠拢。

6. 在大的空隙处再贴 2 片花瓣，莬葵花就完成了。

格桑花

Galsang

又称格桑梅朵，象征着"幸福"和"美好的时光"。

它们是平凡无奇的小野花，枝干纤细，花瓣单薄，

却总在日晒雨淋的夏日路边，热情而鲜活地肆意开放。

准备

花瓣：按照第 178 页格桑花模板，准备 5 片花瓣；按照第 183 页花萼模板，准备 5 片花萼

花心：黄色（daffodil）翻糖或纸黏土、黄色（daffodil）液体色素、白砂糖

花蕊：黑色人造花蕊

色号：兰花色（orchid） ███

醋栗色（gooseberry） ███

花心 & 花蕊制作 ─────────────

1	2	3
4	5	6
7	8	9

1. 用黄色翻糖或纸黏土搓成直径 1cm 的圆球后穿入 22 号铁丝。

2. 用牙签在表面戳出密密麻麻的凹凸效果。

3. 黑色人造花蕊去头，剪成 5mm 左右小段。

4. 用小镊子将黑色小段插入黄色花心表面，留出 2~3mm 即可。

5. 容器中倒入少量白砂糖。

6. 白砂糖中滴入少量黄色液体色素。

7. 再加入少量白砂糖搅拌。

8. 加入更多的白砂糖搅拌至浅黄色。

9. 搅拌好的黄色砂糖放入密封盒保存，可作为花心粉使用。

10. 在做好的花心表面蘸少量胶水。

11. 再蘸取黄色花心粉。

12. 静止晾干后即可作为格桑花花心使用。

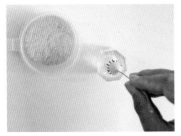  

| 10 | 11 | 12 |

花瓣制作

1. 参照第12页"40度酒精水彩染色法"，给花瓣刷上兰花色并软化，用球棒稍稍滚压一下边缘。

2. 用细头叶脉工具划一条中线。

3. 在上 1/2 部分划出不规则的细线条。

4. 在中线右侧压出较深的一条脉络。

5. 在中线左侧对应压出另一条脉络。

6. 用粗头叶脉工具在脉络线条之间按压，加深凹下去的部分。

7. 用粗头叶脉工具在根部按压，使花瓣稍有抬起的弧度。

8. 用细头笔刷（0 号或 1 号）在下 1/2 部分干刷加深脉络。

1	2	3	4
5	6	7	8

组合

1. 在花心下 1/2 部分包裹粘贴一圈威化纸，以便花瓣粘贴。

2. 5 片花瓣依次粘贴在花心周围。

3. 参照第 183 页奥斯汀的花萼模板剪出 5 片花萼，花萼染上醋栗色软化后用小球棒工具
   稍按压出弧度。

4. 5 片花萼粘贴在花的根部，穿插于花瓣的空隙中。

5. 格桑花完成的效果。

1	2	3
4		5

铁线莲
Clematis

兼具美丽的外表和强大的内心,
在任何环境中都能"聪明"地寻找到适合自己的位置
并努力向上生长,
诗人常用它的名字来赞美心仪的女孩。

准备

花瓣:按照第 179 页本花模板,准备 5 片花瓣

花心:黄色(daffodil)翻糖或纸黏土

色号:黄色(daffodil)　▭

　　　紫色(purple)　▬

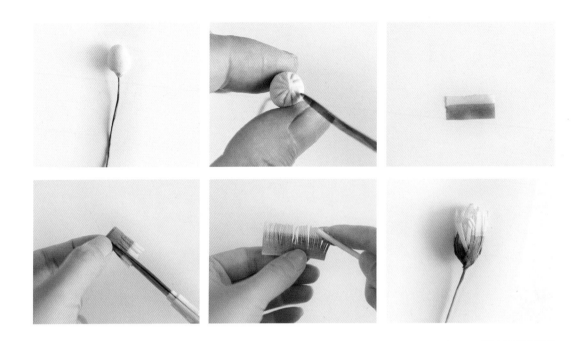

| 1 | 2 | 3 |
| 4 | 5 | 6 |

花心制作

1. 将黄色翻糖或纸黏土搓成约 0.7cm×1cm 的椭圆，穿入铁丝。

2. 用不锋利的翻糖雕刻刀在花心顶部压出放射性纹路。

3. 将 1cm×3cm 的威化纸双面刷色，上半部分刷黄色，下半部分刷紫色。

4. 将刷好色的纸折两道后，从黄色一端剪出流苏，紫色部分留约 3mm 不要剪断。

5. 用细笔杆将黄色部分稍弯曲。

6. 将流苏围绕在黄色花心上包裹粘贴，略高于黄色花心。

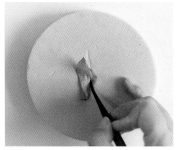

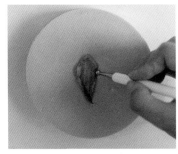

2	3	
4	5	6

花瓣制作

铁线莲花瓣制作（步骤 2~4）

1. 参照第 12 页"40 度酒精水彩染色法"，将花瓣染上紫色并软化。

2. 用细头叶脉工具划一条中线。

3. 用细头叶脉工具在中线两侧各划出一条脉络。

4. 用球棒工具加深花瓣两侧的波浪弧度。

5. 花瓣造型好的样子。

6. 将 5 片花瓣围绕花心粘贴，倒挂晾干定型。

油画牡丹 / 白凤丹
Peony

比起常见的重瓣牡丹

单瓣的白凤丹少了一份雍容，多了一份灵气，

身姿看似单薄，却有着绝对主角的气场。

准备

花瓣：按照第 180 页模板，准备 1 号花瓣 5 片、2 号花瓣 5 片、3 号花瓣 1 片、4 号花瓣 2 片

花心：醋栗色（gooseberry）翻糖或纸黏土

花蕊：人造牡丹花蕊

色号：酒红色（claret）█████

花心 & 花蕊制作

1. 将醋栗色翻糖或纸黏土搓成小水滴状（约 1cm×2cm），穿入铁丝。

2. 用剪刀在水滴尖部剪出 3 个开口（深约 3mm）。

3. 用粗头叶脉工具将 3 个开口进一步压开，形成 3 个枝芽。

4. 用手指将 3 个枝芽捏扁。

5. 将 3 个枝芽的根部稍稍捏拢。

6. 在 3 个捏扁的枝芽上干刷酒红色，醋栗色花心完成。

7. 在约 1cm×5cm 的威化纸上刷上胶水，人造牡丹花蕊剪取 3 个半段，平铺粘贴在纸上。

8. 将黄色人造花蕊卷裹粘贴在醋栗色花心外，多余的纸剪掉。

9. 将下方的纸剪成锥状。

10. 花心和花蕊完成的样子。

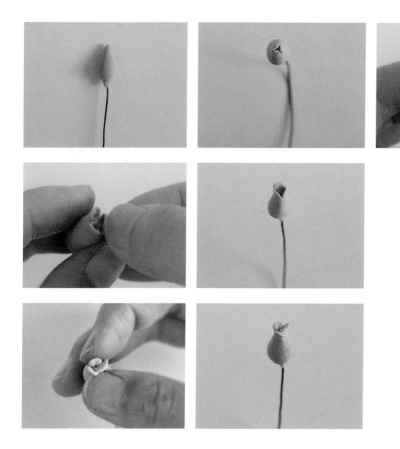

1	2	3
4		
5		

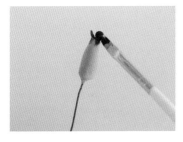

6	7	8
9	10	

2	3	4	5
6	7	8	9

花瓣制作

油画牡丹花瓣制作（本页步骤 2~5）

第 1 层花瓣（1 号花瓣 5 片）

1. 喷酒精软化威化纸，并将花瓣滚边。

2. 用细头叶脉工具从上至下划出一条中线。

3. 用粗头叶脉工具在花瓣的上 1/2 部分划出脉络。

4. 用球棒工具在花瓣的下 1/2 部分稍按压出弧度。

5. 将花瓣反过来，在最根部用球棒工具稍作按压。

6. 酒红色色素用酒精稀释后，用细笔刷蘸取少量，在花瓣的下 1/3 部分和一些局部区域刷色。

7. 第 1 层花瓣造型好的样子。

8. 将 5 片花瓣围绕着花蕊粘贴。

9. 第 1 层花瓣粘贴好的样子，俯视不要露出包裹花蕊的威化纸。

第 2 层花瓣（2 号花瓣 5 片）

1. 喷酒精软化威化纸，并将花瓣滚边。

2. 花瓣的造型方式与第 1 层花瓣相同，从其中挑选几片出来做进一步操作。

3. 用粗头叶脉工具在花瓣的上 1/2 部分的一侧按压。

4. 花瓣反过来后在另一侧按压。

5. 将造型好的 5 片花瓣在第 1 层花瓣外插空粘贴。

第 3 层花瓣（3 号花瓣 1 片、4 号花瓣 2 片）

1. 喷酒精软化威化纸，并将花瓣滚边。

2. 花瓣的造型方式与第 1 层花瓣相同，无需干刷酒红色。

3. 3 片第 3 层花瓣造型好的样子。

4. 在第 2 层花瓣外随意地将 3 片花瓣粘贴上去，也可以根据实际花型大小的需要增加 3 号或 4 号花瓣数量。油画牡丹完成。

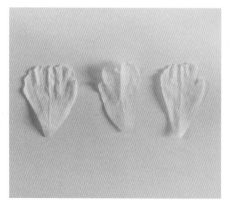

玉 兰
Magnolia

透着幽幽古风，

大气而优雅的花朵

在初春悄然地绽放，

没有一丝喧闹，

却让人忍不住驻足凝望。

准备

花瓣：按照第 178 页本花模板，准备 1~6 号花瓣各 1 片及 6 张和花瓣差不多大小的威化纸

花心：醋栗色（gooseberry）、黄色（daffodil）翻糖或纸黏土

花萼：醋栗色（gooseberry）翻糖或纸黏土

色号：酒红色（claret）■

花心制作

1. 将醋栗色翻糖或纸黏土搓成 3cm×1cm 的水滴状。

2. 水滴穿上 22 号的铁丝后，用剪刀呈 45 度角剪出小尖角。

3. 花心剪好的样子。

4. 将黄色翻糖或纸黏土擀成 1cm×4cm 的薄片，在上 1/2 处剪出 1 排 1mm 左右的流苏。

5. 将黄色流苏下 1/2 处刷少量胶水，包裹粘贴在醋栗色花心根部，包裹两圈即可，多余部分可剪掉。

6. 花心制作完成的样子。

1	2
3	4
5	6

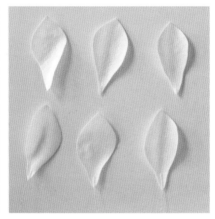

1	2
3	4

小贴士：威化纸双面粘贴后剪裁花瓣的方法，主要用于体现花瓣有一定厚度的花型。注意要先粘贴再剪，剪好花瓣形状后再粘贴会很难对齐边缘。

花瓣制作

1. 将威化纸剪裁成刚可容纳花瓣的长方形。威化纸背面（凹凸面）朝上，喷少量酒精，在下 1/4 处放一根 28 号细铁丝。

2. 在上方粘贴一张同样大小的威化纸，正面（光滑面）朝上。贴合牢固，特别是粘贴铁丝的部分，如此共做 3 组。

3. 按照玉兰模板 1~3 号剪出 3 组带铁丝的花瓣。

4. 再用前面的方法双面粘贴 3 组长方形，但不加铁丝。然后按玉兰模板 4~6 号剪出 3 组花瓣（如图片中上排所示）。

5. 将 40 度酒精混合少量酒红色色素从根部往上刷色，刷至花瓣 1/2 处即可。

6. 用细笔刷蘸少量酒红色色素在下 1/2 部分干刷出脉络。

7. 将花瓣伏贴地贴在鹅蛋形泡沫球（直径 5cm）的表面，形成自然的弧度。

8. 稍定型后取下，不要完全晾干，保持花瓣湿润。

9. 用球棒滚压花瓣上方边缘。

10. 用球棒滚压花瓣根部，形成弧度。

11. 6 片花瓣都用同样方法上色及初步造型。

12. 穿了铁丝的花瓣，一手捏住铁丝粘贴部位，一手将花瓣轻轻后弯（注意要在花瓣柔软的
    状态下操作）。

13. 用手指进一步在花瓣上 1/2 处按压出更大的弧度。

5	6	7
8	9	10
12	13	

14	15	16	17
18	19	20	21
22	23

14. 6片花瓣造型完成的样子。

15. 3片没有铁丝的花瓣围绕花心粘贴。

16. 第1层3片花瓣粘贴好的样子。

17. 3片穿铁丝的花瓣用胶带缠在第1层花瓣外。

18. 取一小块醋栗色翻糖或纸黏土包裹粘贴在花朵根部，形成花托。

19. 用叶脉工具细的一头划出一圈线条。

20. 取1小块醋栗色翻糖或纸黏土搓成小米粒，用叶脉工具粗的一头在中间压出凹陷。

21. 2片花萼制作好的样子。

22. 将2片花萼粘贴在花托下方两侧，然后在下方包裹一小截醋栗色翻糖或纸黏土（上粗下细）
    作为花茎的连接。

23. 用细笔在醋栗色花萼上干刷少量酒红色。

花毛茛

Ranunculus

花毛茛又被称为"圣安索尼之花"，

传说它所纪念的人物是公元十三世纪的一位受人喜爱和敬仰的修士

——圣安索尼，

因此被赋予了"受欢迎"的意思。

准备

花瓣：按照第 181 页模板，准备 1~3 号花瓣各 15 片、4~6 号花瓣各 10 片

花心：白色翻糖或纸黏土

色号：醋栗色（gooseberry）

花心制作

1. 白色翻糖或纸黏土搓成直径 1.5cm 的圆球。

2. 用小镊子在花心顶部捏出约 5mm 宽、3mm 高的小凸起。

3. 边缘用手指稍抹平。

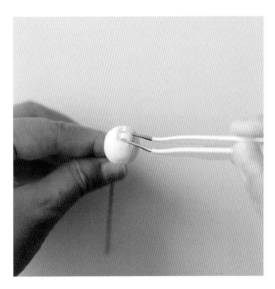 

花瓣制作

花毛茛花瓣制作（本页步骤2）

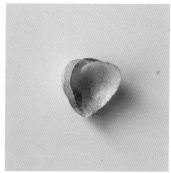

2	3
4	5

1号花瓣 15 片

1. 参照第 12 页"40 度酒精水彩染色法"，将花瓣刷上醋栗色并软化。

2. 用球棒工具将花瓣滚出类似隐形眼镜的弧面。15 片花瓣用同样的方法造型。

3. 将造型好的花瓣分成 3 组 3 片的、3 组 2 片的，将根部粘贴在一起。

4. 将 3 片 1 组的三组花瓣围绕着花心上的凸起粘贴，粘得比凸起稍高，俯视可看见凸起，侧视则看不见。

5. 2 片 1 组的三组花瓣，插空贴在之前的三组之间，高度与前三组一致。

2 号花瓣 15 片

1. 将花瓣刷上醋栗色并软化，颜色比 1 号花瓣稍浅。

2. 造型方法与 1 号花瓣相同。

3. 3 片 1 组的三组花瓣围绕 1 号花瓣粘贴，高度与 1 号花瓣一致，但稍打开。

4. 2 片 1 组的三组花瓣，插空贴在之前的三组之间，高度与前三组一致。

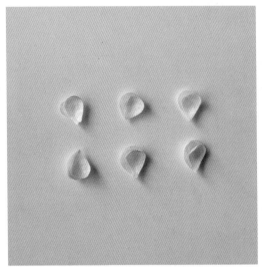

2	3
4	

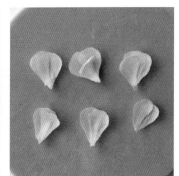

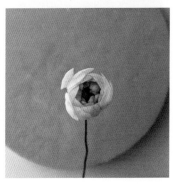

2	3	4
5

小贴士： 白色直接用酒精刷色即可，无需添加色素，也可选择其他喜欢的颜色。如果制作主图中的日落色毛茛，花瓣染色可使用杏色（apricot）混合少量绯红色（scarlet）和少量栗子色（chestnut）。

3 号花瓣 15 片

1. 将花瓣刷上醋栗色并软化。

2. 用毛茛脉络模具按压出脉络。

3. 花瓣用球棒工具稍稍滚出弧度，比前两号花瓣的弧度稍小一点。

4. 将造型好的花瓣分成 3 组 3 片的、3 组 2 片的，每组花瓣的根部都粘贴在一起。

5. 以跟 2 号花瓣一样的方式粘贴组合好 3 号花瓣，高度与 2 号花瓣一致，但稍打开（俯视可看见里面的 1 号、2 号花瓣，侧视看不到）。

4号花瓣 10片

1. 用毛茛脉络模具按压后，用球棒工具在花瓣的下 1/2 处稍稍滚一下弧度。

2. 4号花瓣造型好的样子。

3. 4号花瓣按3片、3片、2片、2片分组，4组花瓣在3号花瓣外围粘贴，两组之间的空隙明显。

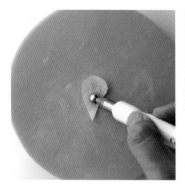 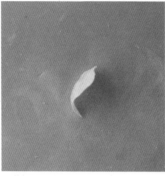 

| 1 | 2 | 3 |

5号花瓣 10片

1. 用毛茛脉络模具按压后，轻轻用球棒工具滚出极小的弧度。

2. 将花朵倒拿，将5号花瓣一层一层插空粘贴，稍低于4号花瓣，更加地打开。

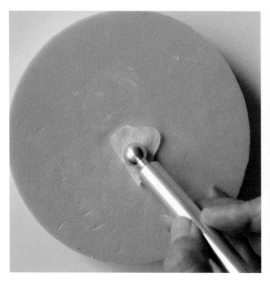 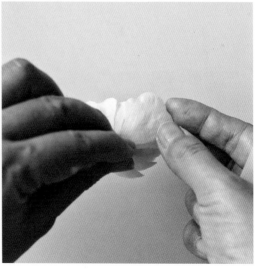

| 1 | 2 |

6 号花瓣 10 片

1. 花瓣造型和 5 号花瓣操作相同。

2. 粘贴的花瓣数量取决于你希望制作的花朵大小，不一定全贴完，也可以按需要增加。

3. 个别花瓣可以稍侧着粘贴，会更自然。

4. 毛茛成花俯视的样子（花瓣分布相对均匀，整体花型圆润）。

5. 毛茛成花侧面观看的样子（层次丰富）。

小贴士：如果想做更大的毛茛，可以再用和 6 号花瓣相同的方式加贴一层 7 号花瓣。

2	3
4	5

玫瑰
Rose

想要表达爱意时，第一个浮现在脑海中的花，

也是婚礼和花礼中最常用的花。

大部分的场合，用玫瑰都不容易出错。

制作看似复杂，

掌握之后却是非常实用的花型。

准备 ────────────────────────────────────

花瓣：按照第 182 页模板，准备 1 号花瓣 1 片、2 号花瓣 2 片、3~6 号花瓣各 3 片、7 号花

瓣 6 片

花心：白色翻糖或纸黏土

色号：酒红色（claret）和极少量影子灰（shadow grey）混合　■ ■

栗子色（chestnut）或醋栗色（gooseberry）　■ ■

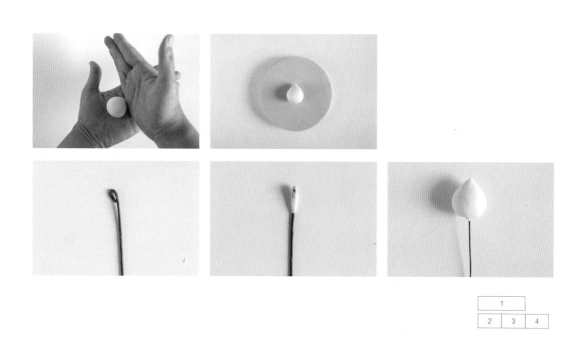

1		
2	3	4

花心制作

1. 将白色翻糖或纸黏土搓成胖水滴状（约2.5cm×4cm）。

2. 22号铁丝一头用铁丝钳弯折。

3. 将少量威化纸边角料刷上胶水后包裹在弯折处。

4. 在威化纸外刷少量胶水后，从水滴底部插入1/2左右，放置至干透。

花瓣制作

花瓣上色

参照第 12 页"40 度酒精水彩染色法",将酒红色和极少量影子灰色与酒精混合后刷在花瓣上。

第 1 层花瓣(1 号花瓣 1 片)

花瓣造型

玫瑰花瓣造型

1. 将花瓣放在手掌上,用细笔杆在花瓣上呈"八"字形来回滚动。

2. 使花瓣形成图中上尖下宽的形态。

花瓣粘贴

3. 取 1 片 1 号花瓣,粘贴在花心的尖上,花瓣两边交叠,完全包裹遮盖住花心的尖。

4. 第 1 层花瓣粘贴完成的样子。

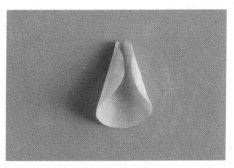

1	2
3	4

第2层花瓣（2号花瓣2片）

花瓣造型

1. 花瓣造型与第1层花瓣相同。

2. 在略高于第1层花瓣的位置粘贴第1片花瓣，在根部及右侧下方刷胶水粘贴，左侧先不要粘（刷胶水位置请见图）。

3. 第2片花瓣和第1片花瓣相对粘贴。一侧插入第1片花瓣左侧下方，另一侧压在第1片花瓣右侧上方，根部刷少量胶水粘贴牢固。

4. 第2层花瓣贴完的样子。

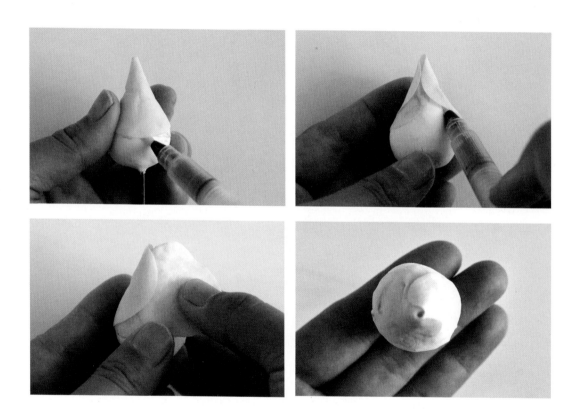

2	
3	4

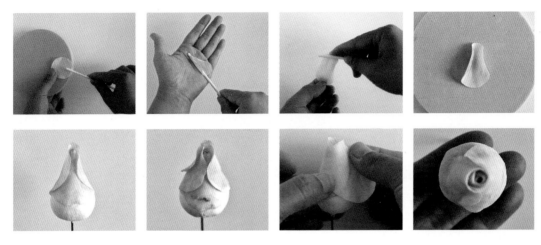

| 1 | 2 | 3 | 4 |
| 5 | 6 | 7 | 8 |

第3层花瓣（3号花瓣3片）

花瓣造型

玫瑰花瓣造型（步骤2~4）

1. 将花瓣放在海绵垫的边缘，用细笔杆在软化的花瓣边缘的中间按压。

2. 用细笔杆在手掌中呈"八"字形来回滚出花瓣弧度。

3. 用细笔杆将花瓣边缘向后微翻。

4. 3号花瓣造型好的状态。

花瓣粘贴

5. 在比第2层花瓣略高的位置粘贴第3层花瓣。

6. 第2片和第1片重叠约2/3粘贴。

7. 第3片正对着第1、2片的中线去粘贴，一侧插入第2片花瓣下方，另一侧压在第2片花瓣上方，根部刷少量胶水粘贴牢固。

8. 第3层花瓣粘贴好的样子。

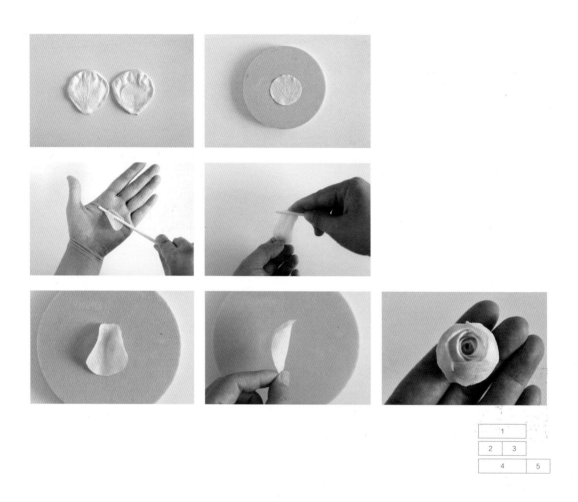

1	
2	3
4	5

第 4 层花瓣（4 号花瓣 3 片）

花瓣造型

1. 在玫瑰硅胶脉络模具上压出脉络。

2. 将花瓣放在手掌上，利用细笔杆在花瓣上呈"八"字形来回滚动。

3. 用细笔杆将花瓣边缘向后微翻。

4. 第 4 层花瓣造型好的样子。

花瓣粘贴

5. 粘贴方式与第 3 层花瓣相同，最高处略高于第 3 层。

第 5 层花瓣（5 号花瓣 3 片）

花瓣造型

1. 在玫瑰硅胶脉络模具上压出脉络。

2. 将花瓣下方的开口稍稍交叉粘贴。

花瓣粘贴

3. 粘贴方式与第 4 层花瓣相同，最高处略高于第 4 层。

4. 第 5 层花瓣粘贴好的样子。

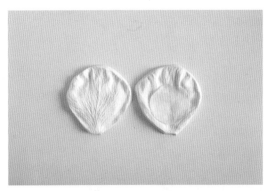
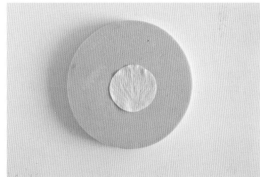
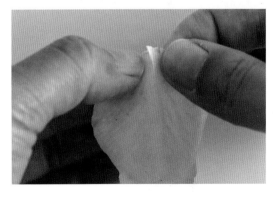

1	
2	4

第6层花瓣（6号花瓣3片）

花瓣造型

1. 重复第5层花瓣的步骤1~2。

2. 用球棒工具将花瓣下1/3部分滚出弧度。

3. 用细笔杆将花瓣边缘外翻。

4. 用针形工具将花瓣边缘进一步轻轻外卷。

花瓣粘贴

5. 粘贴方式与第5层相同，最高处与第5层一致，但稍打开。

第7层花瓣（7号花瓣3片）

花瓣造型

1. 重复第6层花瓣的步骤1~3。

2. 用细笔杆将花瓣左右边缘分别外翻，外翻幅度增大。

3. 用针形工具将花瓣边缘进一步轻轻外卷。

4. 第7层花瓣造型好的样子。

花瓣粘贴

5. 粘贴方式与第6层相同，最高处略低于第6层，且更打开。

6. 第7层花瓣粘贴好的样子。

第8层花瓣（7号花瓣3片）

花瓣造型

1. 重复第6层花瓣的步骤1~3。

2. 用细笔杆将花瓣左右边缘分别外翻，外翻幅度更明显。

花瓣粘贴

3. 在第7层两片花瓣之间粘贴，最高处明显低于第7层，且更打开。

4. 第8层花瓣粘贴好的样子。

增加细节

5. 在外层花瓣的边缘裂开处，用同色或栗子色或醋栗色色素蘸取少量酒精后，轻点加深局部颜色。

2	4
5	

花萼制作

使用第183页奥斯汀的花萼模板，按照第18页"花萼的制作"方法制作。

奥斯汀

Austin Rose

被誉为世界上最浪漫的玫瑰。

洋溢着浓浓的英伦风情，

花型高贵而独特，

主要的特征是内部凌乱而有序的花瓣褶皱。

准备

花瓣：按照第 183 页模板，准备 1~9 号花瓣各 5 片，10 号花瓣 8 片

色号：奶油色（cream）

花瓣制作

花瓣上色、预处理

1. 参照第 12 页 "40 度酒精水彩染色法" 将花瓣刷上奶油色并软化。

2. 对花瓣边缘（主要是上半部分的边缘）用球棒工具滚边。

3. 将花瓣根部剪 5mm 小开口。

1 号花瓣 5 片

1. 在花瓣上方边缘靠内侧的部位，用球棒进行按压，使花瓣产生弧度的同时边缘轻微内扣。

2. 将花瓣根部稍卷起。

3. 花瓣造型好的样子。

 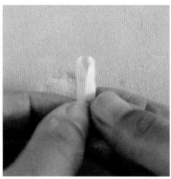 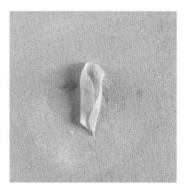

| 1 | 2 | 3 |

  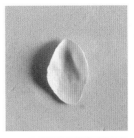 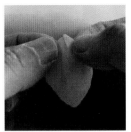

1	2	3	4
5	6	7	
8	9		

2~6 号花瓣各 5 片。组合已完成花瓣

1. 在花瓣上方边缘靠内侧的部位，用球棒进行按压，使花瓣产生弧度的同时边缘轻微内扣。

2. 将花瓣放在虎口，用手指按压下 1/2 部分，手掌轻微内合，使花瓣的下 1/2 部分产生弧度的同时，花瓣两侧轻微内扣。

3. 6 号花瓣造型好的样子。

4. 将花瓣根部的 5mm 小开口两边交叠粘贴，使花瓣形态更加立体。

5. 1~6 号花瓣造型好的样子（样子逐渐过渡）。

6. 花瓣根部刷少量胶水，1 号花瓣粘在 2 号花瓣里，2 号粘在 3 号里，以此类推。

7. 从小到大 6 片花瓣粘贴在一起为 1 组，一共 5 组。

8. 在每组花瓣下 1/2 部分的侧面刷胶水后，一个挨一个粘贴。

9. 用虎口将 5 组粘贴好的花瓣聚拢定型。

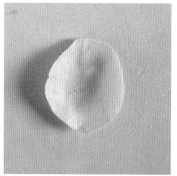

| 1 | 2 | 3 |

7 号花瓣 5 片

1. 造型方法与 2~6 号花瓣基本相同，只是在前面步骤 2 在手掌心内按压的时候，让花瓣上方内扣更明显，凹下去的弧度也更大。

2. 7 号花瓣造型好的样子。

3. 将 5 片 7 号花瓣分别粘贴在 5 组花瓣后方，稍打开，与前 5 组之间保持距离，再次用虎口握住稍作固定。

| 1 | 2 | 3 | 4 |

8 号花瓣 5 片

1. 将花瓣覆盖在直径 5cm 的泡沫球上，用手掌辅助尽量完全伏贴，花瓣根部开口处顺势叠合，形成球面造型。

2. 第 1 片 8 号花瓣包裹两组花瓣粘贴，稍高于内部的花瓣。

3. 第 2 片包裹两组花瓣粘贴，以此类推。

4. 5 片花瓣粘完一圈。

奥斯汀花瓣造型

（8 号花瓣步骤 1）

小贴士: 8 号花瓣一定要紧紧包裹着内部的 5 组花瓣粘贴，将内部的 5 组花瓣尽量聚拢。

9 号花瓣 5 片

1. 将花瓣根部的开口稍交叉粘贴。

2. 用直径 5cm 的泡沫球按压花瓣的下 2/3
   部分，上 1/3 部分不用完全伏贴在球面上。

3. 在两片 8 号花瓣之间贴一片 9 号花瓣，高
   度与 8 号花瓣一致，稍打开。

4. 5 片贴一圈。

1	2
3	4

10 号花瓣 5 片

1. 在玫瑰脉络模具上按压出花瓣脉络。

2. 利用直径 6cm 的泡沫球（圆形或鹅蛋形均可）按压花瓣的下 1/2 部分。

3. 将 10 号花瓣粘贴在 9 号花瓣外，5 片围一圈，位置比 9 号花瓣稍低，更打开。

1	2	3

穿铁丝

奥斯汀本身没有花心，也无需铁丝支撑，如果因为作品需要穿铁丝，可在贴最后一层花瓣之前，按以下方法操作。

1	2	3

1. 22 号铁丝一端包裹粘贴上威化纸，然后刷上胶水。

2. 将铁丝穿入花朵底部的空隙中。

3. 剪一小片圆形的同色威化纸，穿过铁丝后粘贴在花朵底部，然后再继续粘贴最后一层花瓣。

2 | 3

10 号花瓣 3 片

1. 造型方式同前面 10 号花瓣。

2. 在泡沫球上，借助细笔杆使花瓣更外翻。

3. 3 片花瓣找合适的位置粘贴在上一层的花瓣外侧，位置更低，角度更打开。

花萼制作

使用第 183 页奥斯汀的花萼模板，按照第 18 页 "花萼的制作" 方法制作。

大丽花
Dahlia

源于墨西哥高原的绚丽花朵，
大气华丽，第一眼就会爱上。

准备

花瓣：按照第 184 页模板，准备 1 号和 2 号花瓣混合共 11 片、3 号花瓣 5 片、4 号花瓣 10 片、
5 号花瓣 10~20 片

花心：白色翻糖或纸黏土

色号：奶油色（cream）

粉红色（pink）

1 | 2

花心制作

1. 取适量白色翻糖或纸黏土，按入蓝盆花硅胶花心模具中。铁丝一头钳弯钩后刷胶水，倒插入花心的一半。倒置晾干。
2. 花心晾干后取出待用。

花瓣制作

花瓣上色

1. 用奶油色色素混合 40 度酒精在花瓣的正反面刷上浅浅的底色。

2. 用粉红色色素混合 40 度酒精在花瓣正反两面的下 1/2 处，从下往上刷色（注意酒精量不要过多，避免下 1/2 的花瓣软化过度）。

3. 所有花瓣刷色软化后，边缘用球棒滚压走边。

1 号、2 号花瓣 11 片

1. 用粗头叶脉工具在花瓣一侧从上至下划压。

2. 花瓣形成自然的起伏形状。

3. 花瓣根部稍卷起。

4. 花瓣头部稍向一侧弯折。每片花瓣的弯折弧度和方向各不相同。

5. 以上步骤完成后的花瓣形态。

6. 用球棒工具在花瓣根部稍按压出弧度。

7. 以上步骤完成后的花瓣形态。

8. 围绕花心先粘贴 6 片花瓣，再插空粘贴 5 片花瓣，可以不均匀分布。

大丽花花瓣造型

（图示步骤 1、2、4~7）

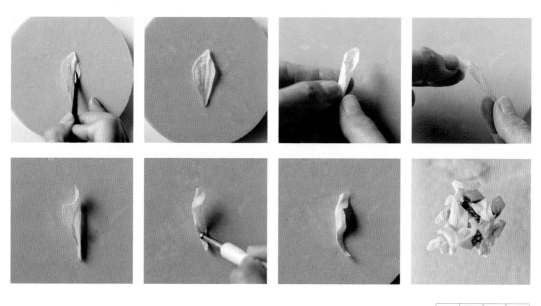

| 1 | 2 | 3 | 4 |
| 5 | 6 | 7 | 8 |

3 号花瓣 5 片

1. 借助竹签或细笔杆将花瓣根部稍卷起。

2. 卷好的花瓣形态。

3. 在 5 片花瓣中选择 1 片，在根部用球棒按压出弧度；再选择 1 片在上半部分用球棒按压出弧度。

4. 将 5 片花瓣插空粘贴在上一层花瓣外。

| 1 | 2 | 3 | 4 |

4 号花瓣 10 片

1. 用细头脉络工具在花瓣上划出脉络。

2. 用粗头脉络工具在花瓣上加深一下脉络间下凹的部分。

3. 用竹签将花瓣根部卷起。

4. 造型好的 4 号花瓣。

5. 将 4 号花瓣插空粘贴在 3 号花瓣外。

| 1 | 2 | 3 | 4 |
| 5 |

5 号花瓣 10~20 片

1. 造型方法与 4 号花瓣相同。造型好的 5 号花瓣插空粘贴在 4 号花瓣外，一层一层往外贴。粘贴的时候可以有的正面朝上，有的朝下，有的侧着一点粘贴。

2. 外层粘贴难度会较大，可以倒拿着粘贴然后倒挂晾干。

银扇

Lunaria Annua

生长在亚欧大陆的神奇"花朵",

轻薄透亮,泛着贝壳的珠光。

它其实不是花朵或叶子,而是果荚成熟后

外壳开裂,种子脱落,最后剩下的透明薄膜,

如同一把把小小的"银扇"。

我们将使用越南春卷皮来制作,更能体现银扇通透的效果。

制作过程

1. 将 28 号棕色铁丝对折，用铁丝钳将对折处拧出 5mm 的一个小尖。

2. 留出一个约 3cm×4cm 的椭圆，将下方的铁丝拧在一起，多余的铁丝钳掉。

3. 银扇骨架做好的样子。

4. 越南春卷皮剪成比骨架大一点的形状，在冷水中泡软。

5. 骨架放在硅胶垫上，将泡软的春卷皮覆盖在骨架上，尖尖露出来。

6. 28 号棕色铁丝剪成约 5mm 小段，依次排放在骨架内缘。

7. 放在通风处晾干。如急用，可放入烤箱以 40 度烘干。

8. 在没有完全干以前，将骨架外的春卷皮剪掉。

9. 完全晾干后，银扇就完成了，也可以在表面刷上珠光亮粉，增强光泽感。

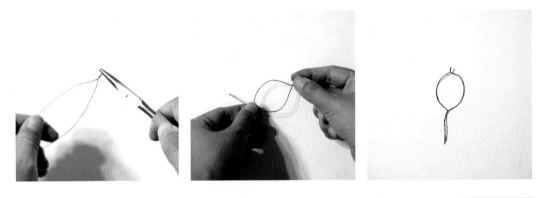

| 1 | 2 | 3 |

小贴士：不要等到完全干燥后再修剪，花瓣边缘会容易破碎。

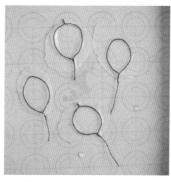

木百合

Leucadendron

来自南非的帝王花家族成员，

在冰霜覆盖的高山上也能倔强地绽放出艳丽，

象征着坚定的告白。

准备 ────────────────────────

花瓣与叶片：按照第184页模板，准备1~3号花瓣各3片、4号花瓣9片、1号叶子3片、

2号叶子2片

花心：白色翻糖或纸黏土

色号：玫红色（fuchsia）████

柠檬黄（lemon）░░░

勃艮第色（burgundy）████

宝石绿色（jade）████

橙色（orange）███

※ 每片4号花瓣由两张威化纸组合而成。

花心制作

白色翻糖或纸黏土花心用高浓度酒精刷上玫红色。

花瓣制作

1 号花瓣 3 片，2 号花瓣 3 片，3 号花瓣 3 片

1. 先将柠檬黄色素和玫红色色素分别与高浓度酒精混合，再用喷枪在一张威化纸的正反面喷柠檬黄后喷玫红色。

2. 1 号花瓣用粗叶脉工具压出中线。

3. 借助牙签将花瓣上方右侧稍内卷。

4. 借助牙签将花瓣上方左侧稍内卷。

5. 用球棒将花瓣下 1/2 部分滚出弧度。

6. 用三片 1 号花瓣包裹住花心粘贴，比花心稍高。

7. 2 号花瓣重复以上造型步骤后，用球棒将根部进一步压出弧度。

8. 将三片 2 号花瓣插空粘贴在 1 号花瓣外侧。

9. 3 号花瓣重复 2 号花瓣的造型步骤后，在根部粘贴 28 号铁丝。

10. 用胶带将 3 号花瓣插空缠在 2 号花瓣外侧。

2	3	4
5	6	7
8	9	10

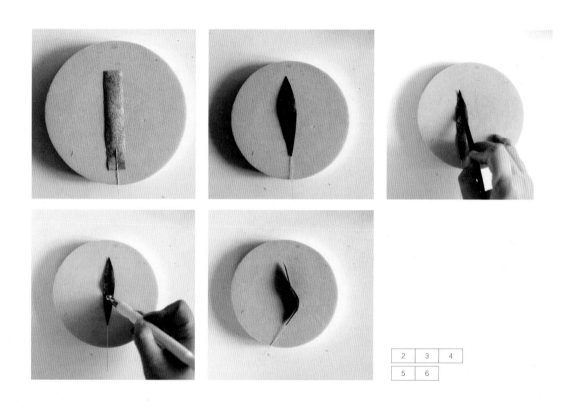

2	3	4
5	6	

4号花瓣9片

1. 用喷枪在一张威化纸的正面喷上勃艮第色（也可以用食品打印机打印）。

2. 剪两个跟4号花瓣同样长宽的纸，其中之一反面刷胶水，在根部放上28号铁丝后，贴上另外一片长条。用同样方法制作9片。

3. 按模板剪出4号花瓣。

4. 喷40度酒精软化后，用粗头叶脉工具按压中线。

5. 用球棒工具在下1/2部分按压弧度。

6. 此步骤完成后的形态。

可选 2~3 片 4 号花瓣增加以下造型

1. 用手将花瓣顶端稍外翻。

2. 用手将花瓣根部稍外翻。

3. 不同形态的 4 号花瓣。

4. 用胶带将 4 号花瓣缠在 3 号花瓣外侧，可不均匀分布。

1	2
3	4

1号叶子3片，2号叶子2片

1. 用喷枪在一张威化纸的正面喷上宝石绿色（也可以用食品打印机打印）。

2. 重复4号花瓣的造型方法，制作三片1号叶子和两片2号叶子。叶子尖的一头进一步捏尖。

3. 叶子造型好的样子。

| 2 | 3 |

组合

1. 用胶带将 1 号叶子缠绕在花朵下方约 5mm 处。

2. 用胶带将 2 号叶子缠绕在 1 号花瓣下方约 1cm 处。

3. 在花瓣顶端干刷橙色色粉。

4. 在叶子顶端干刷勃艮第色粉。

5. 木百合完成的样子。

1	2	3
4	5	

第4章

Chapter 4

快速糖纸花型

Handy wafer paper flowers

卷边玫瑰
Rolled—up Rose

卷边玫瑰是一款非常百搭的花型，
不论是卡通的、唯美的还是简约的风格都适用。

准备

色号：黄水仙（daffodil）

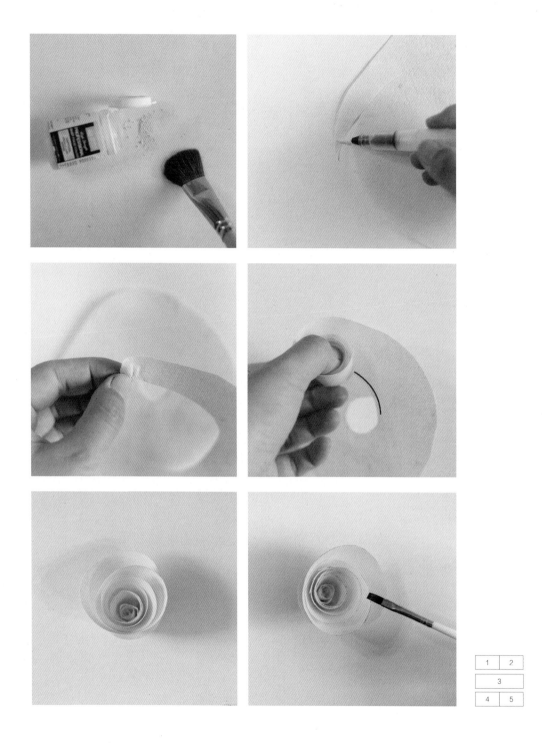

卷边玫瑰制作

制作过程 ─────────────────────────────────────

1. 用黄水仙色的色粉在威化纸正反面干刷上颜色，然后剪出螺旋形状。

2. 在螺旋的外端起始处刷少量胶水。

3. 从外端起始处开始卷，起始处卷得紧一些，一边在标记处刷胶水，一边往后卷。注意根部
   贴紧，上端打开。

4. 卷好后的样子，尾端刷少量胶水粘住即可。

5. 可以根据设计需要，在边缘刷少量金属色粉。

梦幻蝴蝶
Dreamy Butterfly

用威化纸制作蝴蝶，

可以利用其轻盈的质感体现蝴蝶翻飞的效果，

是很有点睛效果的蛋糕插件。

准备 ───────────────────────

蝴蝶：按照第 179 页蝴蝶模板，剪出蝴蝶

色号：紫色（purple）█

　　　玫红色（fuchsia）█

制作过程

1. 用玫红色色粉在威化纸正反两面不均匀刷色。

2. 在没有刷到颜色的空白处刷上紫色色粉，按照模板剪出蝴蝶的形状。

3. 紫色色粉混合高浓度酒精后刷在局部。

4. 玫红色色粉混合高浓度酒精后刷在局部。

5. 蝴蝶稍稍对折，使用任何硅胶模具支撑晾干定型。

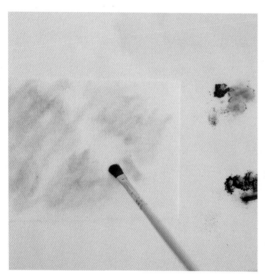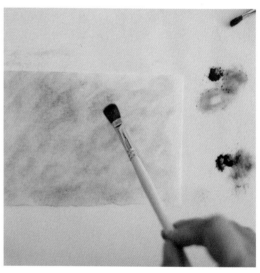

| 1 | 2 |

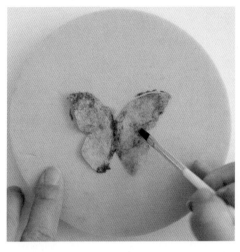

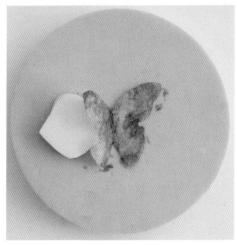

3	4
5	

小贴士：如需粘贴铁丝使用，可以在白色系铁丝一头粘胶水后直接粘贴在蝴蝶背面，晾干即可使用。

网红小雏菊

Little Daisy

象征着纯洁和快乐的小雏菊

大概没有人会不爱吧？

巧用压花器，快速制作出清新可爱的小花，

分分钟搭配出小清新的甜品。

准备

压花器：菊花压花器、叶子压花器

花心：黄色糖霜

色号：云杉绿色（spruce green）

 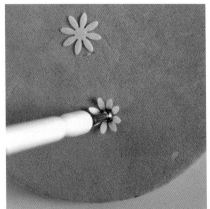

1 2

制作方法

1. 用菊花压花器压出两片小花。

2. 球棒工具稍蘸酒精，在其中一片的中心轻轻按压出弧度。

3. 将两片小花的中心粘贴在一起，花瓣交错开来。

4. 中间用黄色的糖霜挤一个小圆球作为花心。

5. 用叶子压花器在刷好绿色的威化纸上压出叶片形状。

> **小贴士**：小雏菊的花朵和叶子不需要进行组装，使用时，可以直接粘贴在糖霜饼干上作为装饰，见第148页。

第 5 章

Chapter 5

糖纸花和裱花组合

Wafer paper and
flower piping

　　韩式裱花以其唯美的风格，一直受到大家的追捧。然而在制作一些花瓣量大的花时，会遇到花朵自重过大的问题。另外，因为裱花所用的奶油霜或豆沙霜材质的自身限制，在制作轻薄通透的花瓣上，一直有着技术瓶颈。用威化纸制作花瓣，用裱花的手法制作花心，取二者之所长，为韩式裱花注入更灵动飘逸的气质。

　　在这个章节里，将给大家介绍适合用威化纸和裱花手法结合的花型：蓝盆花、芍药和小飞燕。大家也可以由此发散，举一反三，将这种综合材料的用法，应用到更多的裱花花型中。

豆沙霜配方

材料

豆沙：250g

黄油：15~20g

白色食用色素：2ml

制作

1. 材料恢复到室温。
2. 豆沙和白色色素混合均匀。
3. 加入已软化的黄油，混合均匀即可使用。

蓝盆花
Scabiosa

准备 ——

豆沙霜：适量

花瓣：按照第 179 页本花模板，准备 15 片花瓣

色号：紫色（purple）

醋栗色（gooseberry）

裱花嘴：惠尔通 3 号、14 号裱花嘴

1	2	3
4	5	6
7	8	9

制作过程

1. 参照第 12 页 "40 度酒精水彩染色法"，将花瓣染上紫色。

2. 将花瓣看成是 3 根 "手指"。用球棒工具在花瓣的一根 "手指" 上按压的同时向根部带，使其抬起，且有弧度。

3. 将花瓣反过来，用球棒工具在花瓣的另两根 "手指" 上按压的同时向根部带，使其抬起，且有弧度。

4. 花瓣形成自然的弧度。

5. 花瓣分为 3 片 1 组的两组，2 片 1 组的三组，将根部粘贴在一起，余下 1 片的三组。

6. 豆沙霜调成醋栗色，挤出圆锥形的底座。在底座顶部，用惠尔通（wilton） 3 号裱花嘴，密集裱出小芽。

7. 将两组 3 片、一组 2 片的花瓣呈三点分布，插入豆沙底座。

8. 剩余的花瓣在空隙中穿插插入即可，不同花瓣数量的组合尽量随机分布。

9. 用惠尔通（wilton） 14 号裱花嘴在花心上裱出白色小花蕊。稍晾干后即可使用。

芍药

Peony

准备 ——

豆沙霜：适量

花瓣：按照第 177 页本花模板，准备 1 号花瓣 6 片、2 号花瓣 5 片、3 号花瓣 6 片、4 号花瓣 6 片、
　　　5 号花瓣若干

色号：酒红色（claret）■

裱花嘴：惠尔通 104 号裱花嘴

花心制作

1. 豆沙霜用酒红色色素调色后放入裱花袋，剪 1cm 左右的开口。
2. 在裱花钉上挤出直径 2.5cm、高 3.5cm 的圆锥形。

花瓣制作

1 号花瓣 3 片

1. 将少量酒红色色素调和较大量 40 度酒精，给花瓣的正反面刷上浅浅的颜色。

2. 用细头叶脉工具划出中线。

3. 在中线两侧上 1/2 的位置，用粗头叶脉工具按压出弧度。

4. 用球棒工具在下 1/2 部分稍按压出弧度。

5. 将 3 片 1 号花瓣互相交叠粘贴在豆沙圆锥形的尖端，完全包裹遮挡住内部。豆沙霜自身含有水分，无需另外刷胶水即可粘贴。

6. 用惠尔通（wilton）104 号裱花嘴围绕花瓣根部裱一圈豆沙霜，起到固定花瓣作用的同时，也给后面的花瓣留下可以插入的底座。

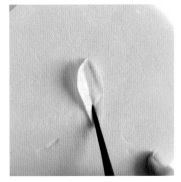  

2 | 3 | 4

5 6

2号花瓣5片

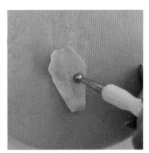

1 2 3
4 5 6

1. 用细头叶脉工具划出中线。

2. 在中线两侧上 1/2 的位置，用粗头叶脉工具按压出弧度。

3. 用球棒工具在下 1/2 部分稍按压出弧度。

4. 在花瓣头部局部干刷少量酒红色色素。

5. 将 5 片 2 号花瓣围绕第一层花瓣插入豆沙霜底座，位置略高。

6. 用惠尔通（wilton）104 号花嘴围绕花瓣根部裱一圈豆沙霜。

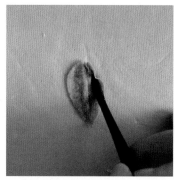

2	3	4
5	6	7

1号花瓣3片（插缝花瓣）

1. 在40度酒精中加入较大量的酒红色色素后刷在花瓣的正反两面，颜色应明显深于第134页的1号花瓣。

2. 用细头叶脉工具划出中线。

3. 在花瓣右侧用粗头叶脉工具按压出弧度。

4. 花瓣反过来用粗头叶脉工具在另一侧按压出弧度。

5. 将花瓣的下1/2部分稍捏和，头部干刷少量酒红色色素。

6. 完成的插缝花瓣。

7. 将插缝花瓣插入上层花瓣之间空隙较大处。

3 号花瓣 6 片

1. 造型方式与 2 号花瓣基本相同，其中 3 片用球棒按压花瓣中间部位，另外 3 片按压根部。

2. 按压部位不同的花瓣两两粘贴，形成 3 组。

3. 3 组花瓣围绕花朵外侧插入，插入时稍侧着一点，还是比较包裹的形态。

2	3

4 号花瓣 6 片

1. 在玫瑰脉络模具上按压出脉络（注意放在靠下的位置，避免花瓣边缘波浪过多）。

2. 在掌心稍按压花瓣下 1/2 部分。

3. 寻找合适的空隙将花瓣插入花朵外侧，稍打开。

1	2	3

5 号花瓣若干

1.在玫瑰脉络模具上按压出脉络（注意放在靠上的位置，使花瓣边缘形成自然的波浪）。

2.造型好的花瓣形态。

3.也可以挑选几片两两粘贴。

4.寻找合适的空隙将花瓣插入花朵外侧，更为打开，角度也可以有正有侧。

1	2
3	4

3	4
5	

细节花瓣

1. 用威化纸边角料剪一些底 0.3cm、高 3.5cm 左右的细长三角形。

2. 刷上较深的酒红色。

3. 将细的一端进一步搓细。

4. 用镊子插入花瓣间露出豆沙霜的部位。

5. 这个花型不要做得太过规则，花瓣分布得不要太过均匀，否则看起来会不够自然灵动。

小飞燕
Delphinium

准备 ————————————————————————————————————

豆沙霜：适量

花瓣：按照第 178 页本花模板，准备 5 片花瓣

色号：酒红色（claret） ███

　　　醋栗色（gooseberry） ███

　　　黑色（black） ███

裱花嘴：惠尔通 3 号、1S 号裱花嘴

 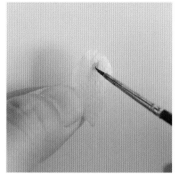 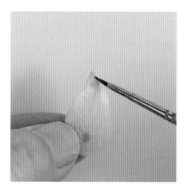

| 2 | 3 | 4 |

制作过程

1. 酒红色色素用大量酒精稀释到浅色，参照第 12 页"40 度酒精水彩染色法"给花瓣染色。

2. 将 5 片花瓣放在玫瑰脉络模具上，稍喷酒精进一步软化后按压出脉络。

3. 用细笔刷蘸少量酒精稀释过的醋栗色色素，在花瓣背面上方约 1/3 处，点一个小点。

4. 在花瓣背面根部少量刷上同样的醋栗色。

5. 5 片花瓣晾干待用。

6. 豆沙霜调成醋栗色，先挤出一个约 5mm 高的底座，再在上面用惠尔通（wilton）3 号裱花嘴挤出 5 个小花萼。

7. 将花瓣依次插在底座上，倚靠小花萼。

8. 用惠尔通（wilton）1S 号裱花嘴，裱出细小的白色花心。

9. 小笔刷蘸取少量黑色色素，点在白色花心上。

10. 稍晾干即可使用。

| 5 | 6 | 7 |
| 8 | 9 | 10 |

糖纸花裱花蛋糕的组装

制作过程

1. 先摆放主花，可以先用豆沙霜在蛋糕上挤一个底座，再将花摆放上去，方便调整花的角度。

2. 摆放配花，在蓝紫色和桃粉色之间穿插白色的小花，使色彩更均衡。

3. 将威化纸制作的叶片插在花朵的空隙间，在不同颜色的花朵间起到连接作用，整体色调更和谐。

1	2
3	

Chapter 6

用糖纸花为甜点变装

Wafer paper flowers for
dessert decoration

糖霜饼干

在饼干上用糖霜随意抹上底色，
摆放上小巧可爱的小雏菊和小绿叶，
就是一款春日里的清新茶点。

慕斯

夏日的冰爽慕斯，点缀几朵卷边糖纸玫瑰，简约中增添一份灵气。

杯子蛋糕

在挤好玫瑰奶油的杯子蛋糕上，点缀几朵紫色的糖纸花绣球，撒上水晶砂糖，再插上一个蘸有玫瑰巧克力的蝴蝶脆饼，带上这些小可爱去参加姐妹们的聚会吧。

奶油蛋糕

　　威化纸做成彩绘蝴蝶，糖霜纸制成芭蕾舞女孩，再搭配上春卷皮制作的水晶小裙子和粉紫色系的奶油抹面，快手打造一款可爱梦幻的生日蛋糕。

韩式花盒蛋糕

加高蛋糕包裹上翻糖糖皮，使用糖霜纸打印出文字"贴纸"，用少量水粘贴在蛋糕正面。灰色的翻糖搓成两个长条后拧成麻绳状，粘贴在蛋糕正面，白色色素在"麻绳"上干刷突显做旧效果。顶部搭配仙气十足的糖纸花，制造出唯美的韩式风格花盒蛋糕。

婚礼蛋糕

因为鲜花自身可能存在毒性，种植过程中可能使用农药，所以一般不会直接用于蛋糕的装饰。在有糖纸花以前，婚礼蛋糕的装饰花一般是使用干佩斯糖花，也就是翻糖花。然而因为翻糖的材质有自重较大、怕潮湿、怕高温、怕挤压的问题，也给婚礼蛋糕的制作者带来很多困扰。糖纸花的出现，恰好解决了这些问题，于是被广泛地应用于婚礼蛋糕的装饰上。

大花量造型常用的摆放方式

糖纸花自重较轻，即使大量的花簇拥在蛋糕上，也不会将其压塌，互相叠压也不易碎，放在蛋糕侧面也不会因过重掉下来，非常适合大花量的蛋糕造型，造型方式有下面几种。

▲ 侧面聚焦型　　　　　　　　　　▲ 顶部簇拥型　　　　　　　　　　▲ 整体流线型

153

婚礼蛋糕实际案例赏析

婚礼蛋糕在西方婚礼中由来已久，它意味着甜蜜和幸福，也象征着和参加婚礼的宾客们分享的喜悦。近年来，在我们的婚礼中，婚礼蛋糕也逐渐成为不可或缺的部分，除了是大家可以共同享用的美味，更是为整个婚礼场景锦上添花的一笔。

婚礼蛋糕上用花来装饰，既符合婚礼唯美浪漫的风格，又能和婚礼的花艺设计相呼应。而使用糖纸花代替鲜花，可以避免对蛋糕的污染，在色彩和形态上也能更自由地体现艺术效果。同时糖纸花不受环境温度影响，高温下不会"凋谢"，用在户外婚礼中也很合适。

春夏白绿色系婚礼蛋糕

白绿色系是春夏婚礼中的经典搭配，给人干净纯粹的感觉。基于这个色系设计的婚礼蛋糕以白色为底色，所以在蛋糕体上适度增加了肌理效果，简约而不单调。

糖纸花型选用玫瑰、野蔷薇、绣球，主体为白色，透出淡淡的肉粉和鹅黄，呼应现场花艺中的主花材。

另外考虑到现场背景有大片的芭蕉树，蛋糕上所搭配的糖纸枝叶也选用了墨绿色的玫瑰叶和蓝绿色的尤加利叶，不同于嫩绿色带来的小清新，整体效果更加沉稳高雅。

甜品台的布置也遵循现场简约大气的氛围，桌布使用轻透的白纱，隐约露出木质桌面。烛台、玻璃杯，玻璃盘高低错落摆放，丰富整个甜品台的层次和质感。

使用现场花艺中的尤加利叶、玫瑰等花材在桌面上稍加点缀，使甜品台和整个场景更好地融合。

秋冬复古色系婚礼蛋糕

复古色系风格是近年来比较盛行的风格。黄、橙、棕等暖色调的搭配带出温暖而有高级感的效果。基于这个色系设计的婚礼蛋糕，以淡淡的芥末黄色为基底，辅以局部棕色的做旧效果，呼应复古主题的同时，也避免太过暗沉而在暗场中缺乏辨识度。

婚礼现场的设计是深秋后院里的小型婚礼，精致温馨。这款蛋糕设计了加高的两层，糖纸花选择了体量较小的花型：毛茛、绣球、五瓣花和秋叶，以点的形式在蛋糕上布局。花的颜色都是饱和度较高的秋季色调，混合棕色以后使整体色彩保持复古调性，避免过于鲜艳。

甜品台的布置使用了现场花艺的干花以及复古做旧的金色烛台，没有搭配过多的装饰，以免喧宾夺主，烛光点燃后更能烘托温馨的氛围。

第 7 章

Chapter 7

糖纸花花艺作品

Wafer paper flowers
artwork

糖纸花可以常温保存，无需特意密封或冷藏，跟永生花一样，可以作为装饰品长期保存观赏。

春天的清新花篮

　　充满森系气息的花篮，装满粉蓝色系的花朵和嫩绿的叶子，仿佛从原野里采回一篮子的春天。

　　春天是温柔的，也是生机勃勃的。属于春天的花篮，选择了粉白色、紫红色和黄橙色的花朵，搭配嫩绿色的细叶，从花篮中满满溢出，营造出春意盎然的效果。

　　藤编的花篮，无需过大，篮口约 20cm×12cm。按照花篮内部的大小切割花泥，填充入花篮，不要超过篮口的高度。主花选择牡丹、玫瑰、奥斯汀，先插入花泥，占据花篮中心主要的位置，注意每朵花朝向略不同。穿插插入铁线莲、格桑花、玉兰、毛茛等轻盈的配花，再加入菟葵花、绣球作为点缀。每朵花的高低不同，加深作品的层次。最后搭配上向外延伸的绿叶枝条，使作品更有张力。

夏天的清凉捧花

最热闹的夏天，就要尽情地玩耍。穿上喜爱的裙子，搭配一束清爽的捧花，去草地，去海边。

选择冷色系的花朵和枝叶制作花束，为火热的夏天带来一丝清凉，大面积选用白色和绿色的花材，枝叶的比例也大大增加。

制作花束时，可用锡纸先将花枝铁丝加粗，再在外面缠上花艺胶带，方便手握和捆绑。糖纸花的效果逼真，可以搭配鲜花或干花一起去打造花艺作品。确定前方主花牡丹、毛茛、玫瑰的位置后，在后方加入格桑花、铁线莲、鲜花小甘菊等配花以及枝叶，注意后方的花要略高，以免被主花完全遮挡。最后以龟背竹代替花纸作为背景，其特有的镂空效果在增加作品质感的同时，又不会显得厚重。花束握在手中即可完成，最后用丝带缠绕捆绑。如果手握不住，也可以先绑好主花，再依次绑上配花和枝叶。

秋天的法式花翁

当第一片树叶开始变黄，秋天悄然而至。世界变得苍白之前，用一瓶花，留住最后的炽烈绚烂。

秋天的花有着油画般的浓郁色彩，枝叶枯黄后反而显得更加沉稳，这个季节的花，最适合搭配质感厚重的做旧铁艺花器。

花泥切割成花器内部的形状后填充入内，不要超出花器高度。傲娇大气的大丽花是主花的不二之选，其他的配花如玫瑰、奥斯汀、毛茛等，也选择橙黄的色系自然就呈现出秋天的意象。主花相对集中，配花如线条般向外延展而出，空隙中填充绣球、蒐葵等小花以及枝叶，高低错落，每朵花亦有不同的表情。

冬天的标本画框

时间仿佛都凝滞的冬天，适合安静下来做些事情。比如把喜爱的花，做成一幅画。即使凋谢枯萎，也要以美的姿态。

将秋天掉落下来的花朵、枝叶、果实收藏起来，到了冬日闲来无事时慢慢做成画。这幅糖纸花标本画里的木百合、菟葵花、玫瑰、绣球、银扇、果实、枝叶……都是在其他作品中剩下的"无用之物"，将它们稍作整理，用胶带贴在画框内，标记上名字，挂在墙上，便成了富有生命力的装饰品。

标本画的制作没有过多的规则，可以是不同的小型花叶果实的组合，也可以将大花拆解成花瓣、花蕊、花萼、枝叶后组合成画。可以在木板上制作标本画后，用画框装裱，也可以直接用相框的底板作为背景。底板可以用丙烯打底色，也可以用卡纸作为背景。框架建议选用木质的，符合作品整体自然质朴的风格。

Name: Rose Leaves
State of Origin: Kenya

Name: Hellebores
State of Origin: Turkey

Name: Hydrangea
State of Origin:
East Asia

Name: Leucodendro
State of Origin:
South Africa

Name: Blackberries
State of Origin:
North America

Name: Lunaria Annua
State of Origin: East Asia

Name: Rose
State of Origin: Kenya

Name: Violet Leaves
State of Origin:
Mediterranean

Name: Hellebores
State of Origin: Turkey

Parsley

Cumin

Lavender

Saffron

第 8 章

Chapter 8

特别放送:

获得国际金奖的迷你花型

Special project:
Award-winning mini wafer paper
flowers

在2019年的英国国际蛋糕大赛上，我的迷你糖纸花作品获得了花卉灵感组（Floral Inspiration）的金奖并且第一名。打破常规，将糖纸花做到不足手指大小，耗时1个月完成的作品，获得了评委和参观者们的一致赞叹。

迷你花朵的制作方法跟仿真花型基本相同，难度在于需要在微缩的花瓣上操作。在对花型制作步骤熟练，对花瓣的软化程度掌控到位的基础上，借助合适的工具，你也可以做出迷你的糖纸花。

制作迷你糖纸花的必备工具

迷你压花器

制作迷你糖纸花的一大难度就是要剪裁大量的迷你花瓣。巧妙地利用迷你压花器，再去修改出需要的花瓣形状，可以事半功倍。

五瓣花压花器：制作玫瑰、毛茛、奥斯汀、山茶花等。

叶子压花器：制作绣球、叶片等。

菊花压花器：制作花萼、叶片、向日葵、雏菊、大丽花等。

小型球棒工具

在微小的花瓣上造型，使用与之大小相匹配的球棒工具，可以达到和正常尺寸花瓣一样的造型效果。

迷你玫瑰干花花束制作

这个作品里最受大家喜爱的就是倒挂的迷你玫瑰干花花束。通过迷你花束的做法，大家可以举一反三地尝试其他迷你花型。

准备

花瓣：9 片

花萼：3~5 片

色号：玫红色（fuchsia）

　　　云杉绿色（spruce green）

　　　栗子色（chestnut）

制作过程

1. 使用第 12 页"40 度酒精水彩染色法"或使用喷枪喷色，将 1/2 张威化纸的正反面染成玫红色，剩下 1/2 张威化纸的正反面染成云杉绿色。

2. 用五瓣花压花器压出五瓣花形状。

3. 将花瓣分别剪出。

4. 取一截威化纸边角料刷胶水后包裹在 28 号铁丝一头成为花心。

5. 包裹的时候中间部位多缠绕几圈，使中间变粗，形成一个梭形，长度比花瓣稍短。

6. 花瓣喷酒精稍软化。

7. 用球棒工具滚边。

8. 将花瓣放手指上，用牙签在上 1/2 处来回滚动，使两侧花瓣形成内扣的弧度。

9. 用球棒按压花瓣的下 1/2 部分，形成凹下去的弧度。

10. 将 1 片花瓣完全包裹在花心上。

11. 取 2 片花瓣相对粘贴在第 1 层花瓣外，花瓣两侧互相交叠，位置高于第 1 层花瓣。

12. 取 3 片花瓣，互相交叠粘贴在第 2 层花瓣外，位置高于第 2 层花瓣。

13. 取 1 片花瓣，借助牙签便于外翻，粘贴在第 3 层花瓣外，稍打开。

14. 用同样的方式再粘贴两片，一共 3 片外翻的花瓣。

15. 花瓣粘贴完后，不足食指的大小。

16. 将绿色威化纸用小雏菊压花器压出花型，分别剪开。

17. 取 3~5 片喷酒精软化后用粗头叶脉工具压一下弧度，制成花萼。

18. 将花萼粘贴在花朵根部，稍打开。

19. 将绿色威化纸用叶片压花器压出叶子形状，喷酒精软化后，用粗头叶脉工具压一下弧度。

20. 铁丝上刷少量胶水，用小镊子将叶子粘贴在铁丝上。

21. 栗子色色素调和酒精后在花瓣上局部染色。

22. 一小截威化纸刷栗子色后拧成麻绳状。

23. 在"麻绳"上刷上少量胶水后，缠在一把迷你玫瑰的铁丝上，形成花束。

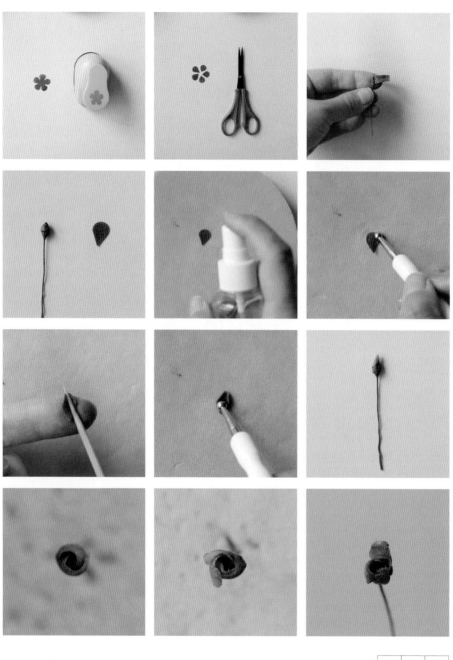

2	3	4
5	6	7
8	9	10
11	12	13

14	15	16
17	18	19
20	21	22
23		

小贴士：用复古色系染色的糖纸花在干燥以后会有干花的质感，可以在花朵和枝叶上扫上白色色粉，加深干花做旧的效果。

花瓣模板

叶子 Leaves

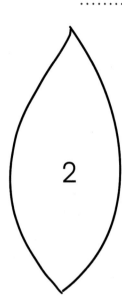

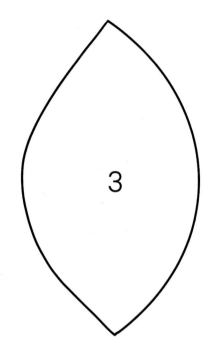

绣球 Hydrangea

珞珈早樱 Cherry Blossom

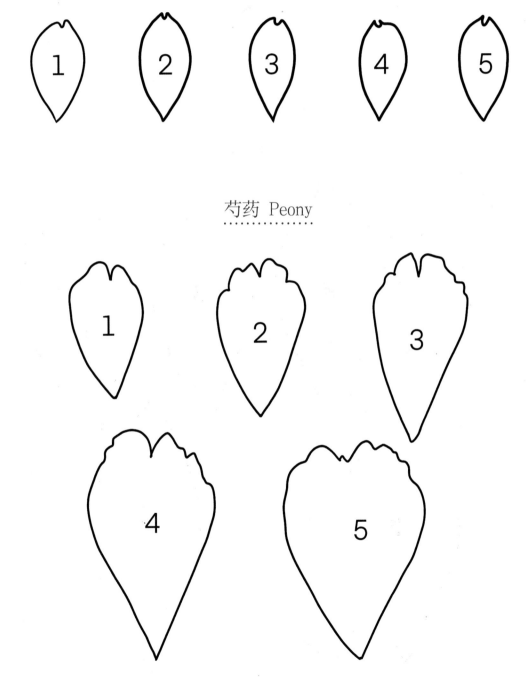

芍药 Peony

格桑花 Galsang　　　小飞燕 Delphinium　　　菟葵花 Helkbore

玉兰 Magnolia

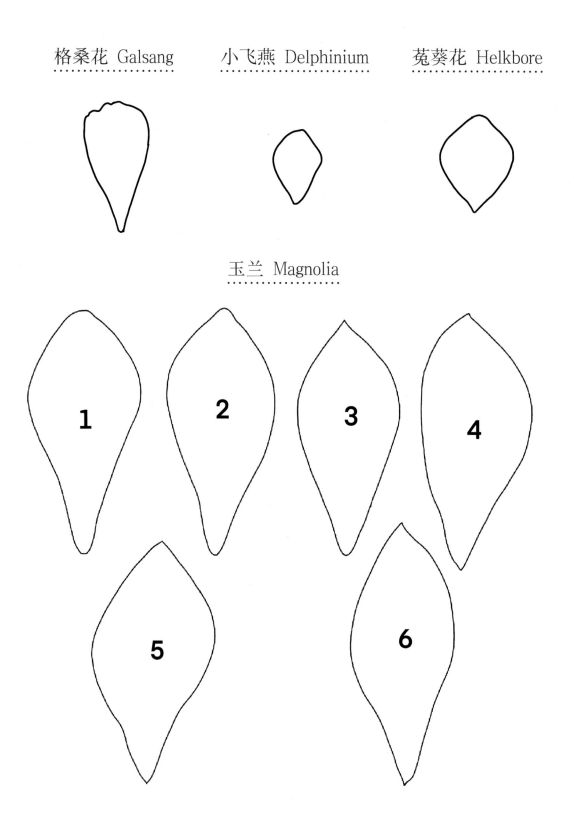

铁线莲 Clematis

蝴蝶 Butterfly

蓝盆花 Scabiosa

花萼　　　花瓣

油画牡丹 Peony

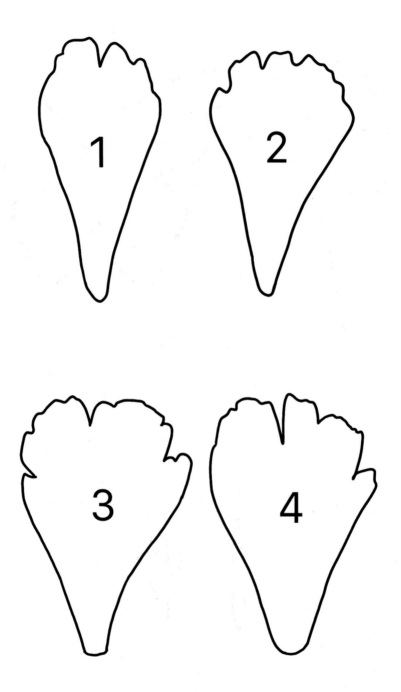

花毛茛 Ranunculus

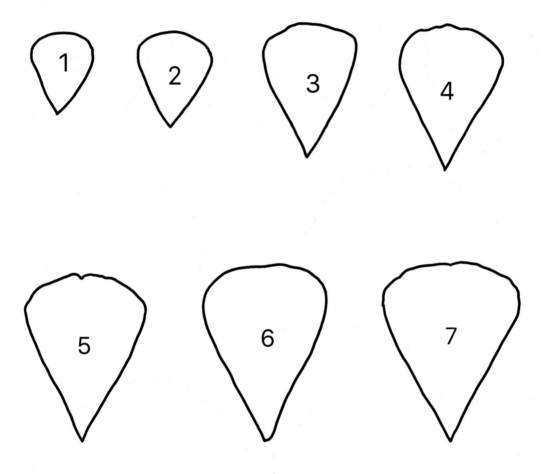

玫瑰 Rose

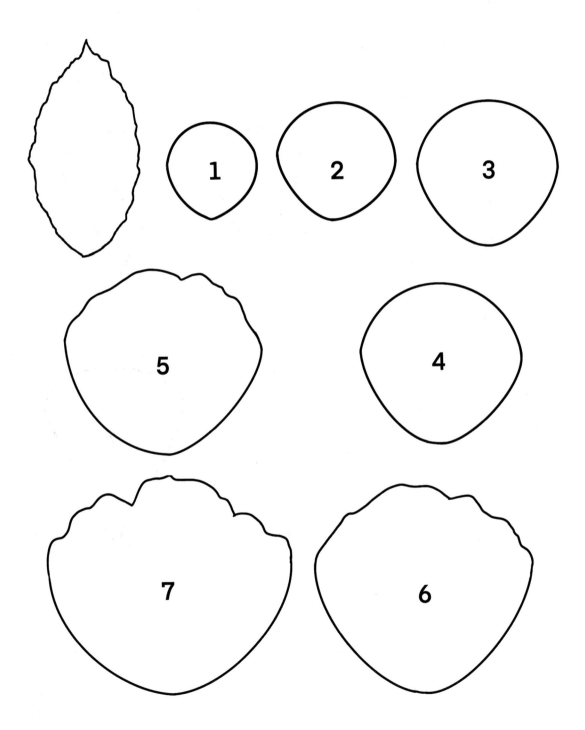

奥斯汀 Austin Rose

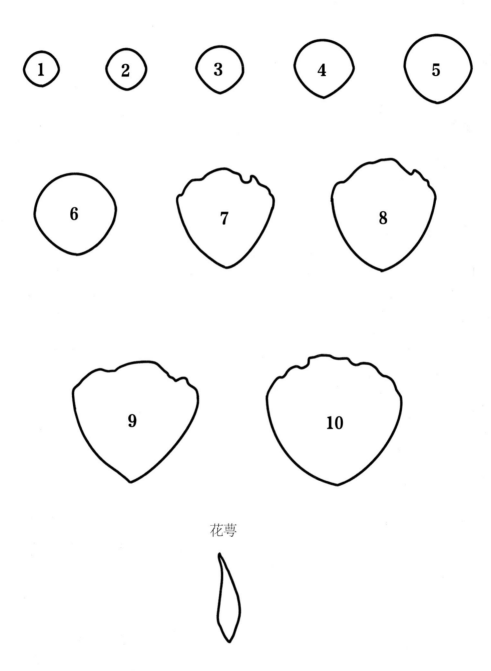

花萼

花瓣

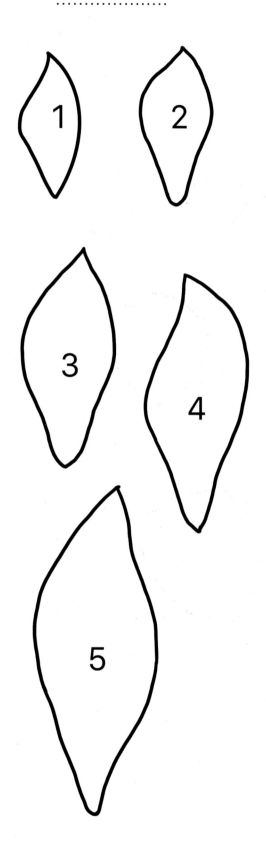

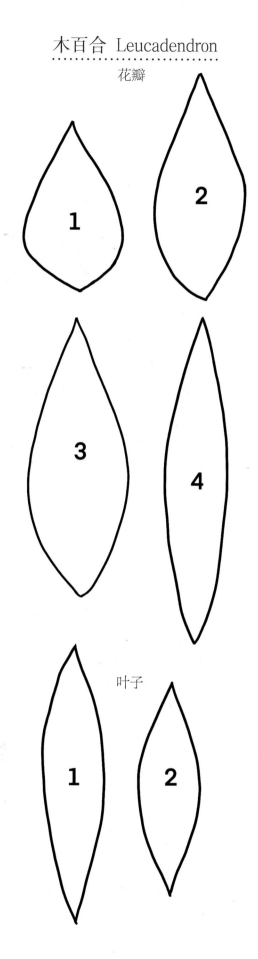

叶子

可食用级色素与天然色粉的替换方案

直接替换

可食用级色素	天然 / 无添加色粉
酒红色（claret）	甜菜红
粉红色（pink）	甜菜红少量
绯红色（scarlet）	红曲红
兰花色（orchid）	胭脂虫红少量
橙色（orange）	胭脂树橙
杏色（apricot）	胭脂树橙
柠檬黄（lemon）	栀子黄
黄水仙（daffodil）	栀子黄
奶油色（cream）	胭脂树橙少量
云杉绿色（spruce green）	叶绿素
影子灰（shadow grey）	植物炭黑少量

混合调色替换

可食用级色素	天然 / 无添加色粉 *
巧克力色（chocolate）	红曲红 + 叶绿素
勃艮第（burgundy）	胭脂虫红 + 红曲红
栗子色（chestnut）	胭脂树橙 + 红曲红 + 叶绿素
醋栗色（gooseberry）	叶绿素 + 红曲红 + 栀子黄
奇异果色（kiwi）	叶绿素 + 栀子黄
蓝绿色 / 宝石绿（jade）	栀子蓝 + 叶绿素
紫色（purple）	栀子蓝 + 胭脂虫红

*：下列调色方案中，位于 + 号前面的颜色比例大。

图书在版编目 (CIP) 数据

自然系手作糖纸花 / 一草著 . —福州：福建科学技术出版社，2021.1

ISBN 978-7-5335-6238-0

Ⅰ.①自… Ⅱ.①一… Ⅲ.①糕点加工 Ⅳ.① TS213.3

中国版本图书馆 CIP 数据核字（2020）第 177373 号

书　　名	自然系手作糖纸花	
著　　者	一草	
出版发行	福建科学技术出版社	
社　　址	福州市东水路76号（邮编350001）	
网　　址	www.fjstp.com	
经　　销	福建新华发行（集团）有限责任公司	
印　　刷	福州德安彩色印刷有限公司	
开　　本	889毫米×1194毫米　1/16	
印　　张	12	
图　　文	192码	
版　　次	2021年1月第1版	
印　　次	2021年1月第1次印刷	
书　　号	ISBN 978-7-5335-6238-0	
定　　价	78.00元	

书中如有印装质量问题，可直接向本社调换